园林植物景观配置

徐德嘉
苏州三川营造有限公司 编著

中国建筑工业出版社

图书在版编目（CIP）数据

园林植物景观配置／徐德嘉，苏州三川营造有限公司编
著.—北京：中国建筑工业出版社，2010（2022.9重印）
ISBN 978-7-112-11797-0

Ⅰ.园… Ⅱ.①徐…②苏… Ⅲ.园林植物－景观－园林设计
Ⅳ.TU986.2

中国版本图书馆CIP数据核字（2010）第023757号

本书内容包括苏州园林植物景境配置的文化背景、植物材料的造园意义、
植物材料的文化内涵、植物景境配置意匠等。本书可供广大园林植物工作者、
园林艺术爱好者以及园林院校师生学习参考。

责任编辑：吴宇江
责任设计：姜小莲
责任校对：赵　颖

园 林 植 物 景 观 配 置

徐德嘉
苏州三川营造有限公司　编著
*
中国建筑工业出版社出版、发行（北京海淀三里河路9号）
各地新华书店、建筑书店经销
北京方舟正佳图文设计有限公司制版
北京建筑工业印刷厂印刷
*
开本：787×1092毫米　1/16　印张：12¾　字数：320千字
2010年7月第一版　2022年9月第六次印刷
定价：**98.00**元
ISBN 978-7-112-11797-0
　　　　（35593）

序　一

　　德嘉学兄是我在复旦园艺系的同窗好友，工作后各自南北。德嘉兄长期从事园林和园艺专业的教学和研究工作，成果卓著，他对古典园林植物配置的研究尤深。我国古典园林在植物的运用上有很深的学问，然而计成《园冶》未有植物专门篇章，李渔《一家言》种植部及文震亨《长物志》花木篇多偏重栽培技术。德嘉学兄著，1997年出版的《古典园林植物景观配置》是我国第一本有关古典园林植物配置艺术理论的专著。此书除了论述园林植物的形态特点和生态习性之外，着力深入挖掘古典园林植物配置的文化内涵和运用植物来营造园林意境的方法。这正是我国古典园林植物配置的特色，与西方的种植设计（Planting Design）只讲求形态色彩的搭配有明显的不同。

　　我国现存古典园林多为明清两代所遗留，基本上属于文人写意山水园（皇家园林也多吸收江南文人写意园的艺术手法）。园林创作由写实向写意演进，也就是从具象到抽象的转变，这个趋向是一般艺术发展的规律。抽象是对审美对象更加深入细致的观察，把审美对象本质的东西概括提炼出来，加以艺术的变化或夸张，突出地表达创作者的思想感情。中国园林从两晋南北朝开始出现写意的萌芽，唐宋时期写实与写意相结合，元、明、清则以写意山水园为主流。如果把18世纪西方绘画印象派的出现作为从写实到抽象转变开始的话，西方园林直到20世纪上半叶才出现巴西造园师罗伯特·布勒·马克斯（Roberto Burle Marx)的抽象式园林。中国的写意园林至少要比西方早1000年以上。德嘉学兄的这部著作，从植物配置方面抓住了我国写意园林的精髓，出版以来，在各种论文中引用率是很高的。

　　当前我国风景园林事业发展迅猛，各种理论、思潮也纷纷涌入，总结提高我国风景园林理论成为当务之急。德嘉兄在此书出版12年之后，又增订再版，十二年磨一剑，必定更加锋利，定能对我国的风景园林事业作出更大的贡献，故乐为序。

刘家麒

序　二

　　以农耕为主要生活来源的中华民族，特别关注植物的特征。随着主体审美意识在生产实践中的发展，中华先民把与生产活动有关的植物作为审美对象而加以描绘和观赏的历史，可以远溯几千年以上。中国古典园林滥觞时期之园圃，植物就是重要的物质构成。

　　植物本身固然具有自然美的素质，诸如色、香、姿、声、光等组成独立的景观表象，但按照美的规律，配植在一定的位置，自宋以来的花谱、笔记、散文中就有许多精妙之论，如明·王象晋《二如亭群芳谱》、计成《园冶》、文震亨《长物志》、吕初泰《雅称篇》；清·李渔《闲情偶寄》、大型类书《广群芳谱》等。其中的精言妙论历来脍炙人口，诸如"半窗碧隐蕉桐，环堵翠延萝薜"，"岩曲松根盘磲，溪湾柳间栽桃"，"槐荫当庭"，"芍药宜栏，蔷薇凭石"等。陈淏子的《花镜》还辟有《种植位置法》专论，"如牡丹、芍药之姿艳，宜玉砌雕台，佐以嶙峋怪石，修篁远映。梅花、蜡瓣（此指蜡梅）之标清，宜疏篱竹坞，曲栏暖阁，红白间植，古杆横施。水仙、瓯兰之品逸，宜磁斗绮石，置之卧室幽牑，可以朝夕领其芳馥……"《醉古堂剑扫卷七·集韵》提出了"栽花种竹，全凭诗格取裁"等，都是古典园林植物配置的不刊之论。

　　当今园林概念越加宽泛，源自克里特岛的孤立与贫瘠的西方文明，造成了西方人传统观念上向自然索取生存所需的天性，因此，欧洲园林植物配置，呈现出几何形的人工符号，他们抛弃了花木的自然形态，强迫植物同样去遵守"良好的建筑格律"，成为刺绣花圃和绿色雕刻，体现了"恃人力"对大自然的气使颐指。西方式的园林植物景观配置在当今中国大地正大行其道，而传统的古典园林植物配置艺术，却反被遗忘。在这个时期，亟待当今学者总结前人智慧，掘发园林实体关于植物配置的经典意义，提供古典园林保护及当代景观设计的参考，徐德嘉先生的这部《园林植物景观配置》专著的出版，显得更有价值。

　　徐著将植物配置明确界定在"古典园林"范围之内，因为古典园林植物都经中国人文之品定，积淀着深厚的文化底蕴，乃"人化自然"中重要物质建构，其配置，既遵循因地制宜、色相映衬、季相交替和珍古等生态学特质，更作为士大夫文人吟咏性情、营造诗意画境的载体，李渔所谓"一花一石，位置得宜，主人神情已见乎此矣！"绝非一般的绿化。欣赏古典园林植物的美感体验，同样有李泽厚先生所说的"悦耳悦目"、"悦心悦意"和"悦志悦神"的三层次。

　　徐德嘉先生长期从事高校园林及园艺专业的教学研究工作，是园林植物栽培和配置的资深专家，书中结合对历代花谱的研究，并通过对苏州园林植物栽培情况的实地调查考察，对材料选用和施工技艺、古树名木的养护管理与复壮等都提出许多精到的见解，其中有很多宝贵的经验与理论，并附录了表与图片，科学性实用性都很强，非经院式的研究者所能企及的。如讲到古园"土壤因长期受房屋翻建等变迁影响，积聚覆盖了深厚的建筑垃圾，成为次生性残渣土，含有多量石灰，对嫌钙的杜鹃极不相称，难成'称低廊'、'砌下芳'的景观"，只能盆栽后"艳天小院，辉映粉墙"，解决了我多年的疑问：苏州名园的杜鹃为什么多盆栽而难见地栽。体现出本书独具的科学美，这种美，跟自然美、社会美和艺术美一样，是一种相对独立的审美形态。

古典园林植物，是含蕴丰富的文化符号和文人的情感载体。挖掘古典园林植物配置的深厚文化意蕴正是徐著最着力的精彩之处。

清康熙皇帝在《御制避暑山庄记》中说："至于玩芝兰则爱德行，睹松竹则思贞操，临清流则贵廉洁，览蔓草则贱贪秽。此亦古人因物而比兴，不可不知。"缘于人类早期的直觉思维，人们对植物的生态习性、外部形态乃至内在性格，观察细微，往往亦能得乎性情，并多与文人品性相互辉映，所谓贝叶之歌无碍，莲花之心不染。

花，就其植物学的本质来说，只是一种生殖器官。但人们欣赏古典园林之花，却不是本之于这个生理意义，更重"花语"，园林花语则由一定的社会历史条件逐渐形成而为大众所公认。日本以樱花的花期短暂而灿烂，象征武士道精神的疯狂、果断和物哀；荷兰用多彩的郁金香象征博爱的民族精神；浪漫的法国人取体现自由乐观和光明磊落的香根鸢尾（金百合花）为国花；中国在1911年前，视牡丹为国花，爱它的雍容华贵、国色天香，是和平、幸福、繁荣、昌盛的象征；1919年后，傲霜斗雪的梅花又成为国花，"梅格"象征着气节，成为中华民族的魂魄……花代表着民族的情感、精神。植物也是文人园中美好生活愿望的憧憬。如园林书房外植桂，往往含有望子折桂之意；厅堂前后植金桂、玉兰、海棠、牡丹等，象征对"金玉满堂"的期盼。采菊东篱下，栽梦入花心，人的情感化作自然的魂灵而获得了生命，即使纤纤萝蔓、细细苔花，也情意绵绵。

基于对中国传统植物文化内涵的深入阐发，徐著还敏锐地发现了古园特别是苏州园林中与园史及意境不协调之处，如"拙政园主厅远香堂南有五株广玉兰，该树属大乔木，日后将会使远香堂受压抑姑且不说，单从广玉兰的历史看，却与拙政园明代园林的园史甚不相配"，极有见地。书中还提出诸多还原植物配置意境的建设性的意见，如关于留园"古木交柯"景点，因为原来的圆柏与女贞之大枝交互缠曲而呈交柯连理状，20世纪60年代两树枯萎，意境丧失，"如能选栽在苗圃中专供造景用之连理状树，则效果更好"，不失为科学维护植物意境的办法。

感谢徐先生，将古典园林植物配置的"意"与"匠"即植物深厚文化意蕴和植物配置的技艺结合起来，为我们提供了这部开卷有益的好书。

本人作为非专业的园林爱好者，就曾非常欣喜地从徐书中汲取了许多学术营养，值此书增订再版之时，遵先生之嘱，不敢以固陋辞，于是乎书。

曹林娣

目　录

正谊明道五百名贤朔风标，沧浪素裹环境清静绝尘嚣

香远益清万竿长，惟德之馨杜若洲

　　远香堂、倚玉轩、香洲这三幢建筑是拙政园之灵魂，若无周边树木的烘托，缺乏水系的萦回，至多也就是古色古香而已，今在常绿、落叶树木的隐衬下，水中倒影的掩映下，生意盎然中增添了几许灵气，荣枯之变，四时之景给建筑添加了活力！

濯缨濯足两不宜，灌园鬻蔬难有期

小飞虹是苏州唯一的园中廊桥，该景点如若缺乏树木的掩映，就会形单影只地孤立无援，幸有榉、樟等大木和常春藤等的装点，才使画面得以丰富，避免了建筑的孤寂。

当前游客众多，要是真像孟子离娄篇中所说："沧浪之水清兮可以濯我缨，沧浪之水浊兮可以濯我足"，这样不论濯缨濯足都将使池水污秽不堪，故题词说"两不宜"。王献臣自许"灌园鬻蔬"，这在今日也是难以期望的！

昔为陪葬物，今成园中稀；石有四绝献，堪称世珍奇

　　相传冠云峰系宋徽宗建艮岳时，由苏州朱勔采自太湖西山，运输途中船忽倾翻，此石即沉入河底，后被打捞出水，辗转归刘氏所有，后刘氏嫁女，石即作为嫁妆，陪嫁入盛氏园中，说明美石之难得，在花卉衬托下更显壮丽。

第一章　古典园林植物景境配置的文化背景

配置古典园林的植物景境，用什么思想加以指导？有没有理论基础？有哪些规律？也许会被人说提出这些问题是小题大做！园林中栽植树木形成景观，本是造园的需要，栽什么树，以及栽在什么部位，一般说这是园主的爱好和当地自然条件决定的。园主的爱好从何而来？一是兴趣所及，兴趣又是从平时的接触感受等而来；二是受制于文化素养，主要是传统文化教育、社会、家庭等环境的综合影响。

造园为什么需要配置植物？最简单的回答是模仿自然。但从经史子集、园记、文章等有关内容看，却有其哲学意义、自然及文化等因素。园主的爱好、兴趣又如何影响植物景境的配置？明·计成《园冶》中说得明白："三分匠，七分主人。"就是说主人或"主其事者"的爱好水平，是造园成败包括配置植物景境优劣的关键，而动手施工建造园林的工匠，其作用仅占"三分"，远不如不动手的主人，其根本差异便是文化素养的高低。这里当然仅是指出指导、设计思想及文化因素的重要，并无轻视工人的意思。所以，古典园林常被称作文人园林。"文人园林是主观的意兴、心绪、技巧趣味和文学趣味，以及概括创造出来的山水美"[①]，这就点出了文化素养的重要性。园主如没有一定的文化素养，其主观的意兴、心绪、技巧趣味和文学趣味就难以达到较高的水平，更难以概括、创造出园林中的山水美。园主如若自认为文化水平较低，也必延请名士指点，如同当今请人设计。文化素养主要从传统的文化教育等方面获得和培养而来。因此，传统文化可以被看作是植物景境配置的思想基础。

那么，什么是传统文化？

传统文化包容万千，难以尽言。本书仅从有关园林植物景境配置方面的问题略抒所见，以资说明。

所谓传统，按照《孟子·梁惠王》："君子创业垂统为可继也"的思想，即一个人所创的基业要能传世，要为下一代所继承，这样的基业才能流传不衰，世代相承，成为真正的基业。个人、家庭、民族以至国家，一件事、一宗事，也总希望能世代相传，成为一脉相承的系统。《尚书·微子之命》中写道："统承先王，修其礼物"，也表明了这种思想。因此，所谓传统，应该是承先继后，前后贯穿，互相联系，自古而今，形成系统。

再说文化，按照社会学家、人类学家的定义，文化是指人类环境中所创造的那些方面，既包含有形的，也包括无形的。一种文化，指的是某个人类群体独特的生活方式。

---

①汪菊渊.中国山水园的历史发展[J].中国园林，1986，(1).

我国汉代刘向在《说苑指武》一书中写道："凡武之兴，为不服也，文化不改，然后加诛。"晋代束广微《补亡诗·由仪》写道："文化内辑，武功外悠。"南齐的王融《曲水诗序》也类似地指出："设神理以景俗，敷文化以柔远。"这些论述的共同点就是把文化看作是政治、教育，是用柔的方法感化人、教育人，是文明的产物，社会的必需。从另一方面谈，文化又是人类社会在历史实践中，创造的物质财富、精神财富的总和；是人类生产方式、生活方式和精神生活在文明发展进程中留下的记录。这种记录展示着人类文明发展的水平，同时又成为文明的标志和符号。概要地说，文化是在一定的社会意识形态下，反映了与之相适应的社会面貌；文化又是一种历史现象，反映了当时的社会政治、经济及精神面貌，或者说反映了当时的意识形态。不仅如此，随着民族的形成，每一个民族通过各自的生产、生活方式及精神生活，形成了本民族的文化，这就是民族文化。

中华民族是富有创造力的民族。在漫长的历史进程中，在哲学、文化、科学乃至艺术领域中，都创造了光辉的成就，形成了自己的文化体系。远在夏、商、周、秦汉时期，便形成了灿烂的古代文化，儒、道两家精辟的哲学、文化思想，更是我们民族的瑰宝。需要指出的是，在广袤的中华大地上，在不同的地区，受当地风土民情的影响，形成了各具特色的民族或地方文化。例如，早在春秋战国时期，在"包孕吴越"的太湖山水的哺育下，孕育了以苏州地区为中心的地方文化——吴文化。苏州又得天时地利之灵，继承并发展了吴文化的传统，在文、诗、画、书等各个领域都得到进步和发展。人才辈出，仅以科举考试为例：自隋唐开科取士以来，苏州（包括六县市）获一甲一名（状元）者，即达45名之多。绘画方面，继元代黄公望等名家之后，明代有沈周、唐寅、文征明、仇英等"明四家"的兴起，开创了清新秀逸、典雅不俗的画风，并形成了吴门画派。继而又有王时敏、王　、王鉴、王原祁等"四王"，和王撰等"小四王"的蜚声画坛。其他如刻书、藏书、诗词结社、名医乐师、百工之家，莫不称盛于世。这些精神财富和物质财富凝聚成为富有特色的地方文化，同时又反映了当时人们的生活方式。

至于要探究传统文化与植物景境的关系，即传统文化怎样对园林植物景境产生影响，园林植物景境又怎样记录、标记着造园发展进程中的水平，以及怎样以其丰富的文化内涵感化着人，则有必要进一步从文化教育、宇宙观、古典审美观等方面加以讨论。

王原祁《苍岩翠壁图轴》

一、传统文化教育及其影响

传统文化归纳起来，大约可概括成儒、道两大源头。占有主导地位的儒家思想，一般认为是以仁为基础，礼乐为熏陶，注重人格的锤炼和品性的培养。《论语·泰伯》道："仁以为己任，不亦重乎"，《述而》篇又写道："志于道、据于德、依于仁、游于艺。""仁"是作为总纲而贯穿在整个教育的过程中，其他一切教育手段都要服务于"仁"，《论语·阳货》中说得明白，"能行五者于天下为仁矣"！这五者便是恭、宽、信、敏、惠。这些手段都是为"仁"这样一个目的而服务的。孟子也说："仁者爱人"（《孟子·离娄章下》）。可见，"仁"是被作为做人的根本要求的，有了"仁"，才谈得上礼、爱，才能具有做人之道。

在教学手段上孔子把《诗经》作为教育儿子的首选教材，《论语·阳货》有一段可以证实："子谓伯鱼（孔子的儿子）曰：女为《周南》、《召南》矣乎？人而不为《周南》、《召南》，其犹正墙面而立也与！"宋·朱熹对此解释道："学诗能通达事理，心气和平"；"学礼则品节详明，德性坚定"，"可以卓然自立，不为事物所摇夺"；"学乐能养人之性情荡涤其邪秽"。而《周南》、《召南》正是修身齐家之言，符合"兴于诗，立于礼，成于乐"（《论语·泰伯》）的目的，符合了孔子等提倡的通过克己实行社会道德、伦理规范的礼教，达到"见不贤而内自省"的要求。也就是通常所说的在个人内省的基础上，以宗法、伦理、道德关系为核心，力求自身人格的完善，维护礼制和社会道德秩序，进而培养人的社会意识和责任感。从而体现了中华民族的精神，形成了传统文化的主要方面。

道家则重在对自然、天地宇宙的探求，人身如何顺应自然，把人与人、人与自然、人与自然界的许多相关因子，抽象概括为"道"。提出"大道废，有仁义。智慧出，有大伪。六亲不和，有孝慈。国家昏乱，有忠臣"（《老子》第十八章）。一方面表达了相反相成的辩证关系；另一方面也说明了在一定的时空条件下，能顺应自然，形成与之相适应的相生相随的社会现象。因"有大伪"，故有智慧产生，因"六亲不和"，故有孝慈的形成……这是人对自然的顺应，是一种规律性的东西，即老子所说的"道"。这一思想虽然揭示了人类社会的内在矛盾及其发展规律，但从社会历史进程来说，却又是停滞的思想。

在《老子》第三十八章中的一段可以证实："失道而后德，失德而后仁，失仁而后义，失义而后礼。失礼者，忠信之薄而乱之首。"从表面上看，老子对德、仁、义、礼之间的关系都阐述得十分详明，但最后一句话却说出了他的原始思想，所谓"失礼者"，实质上是指废弃自然之道后，改变了质朴的原始生活，形成了伦理道德，将是一切祸乱之源。

若要根治一切祸乱，便要废弃伦理、礼教，倒退到原始社会，实现"道常无为而无不为"（《老子》第三十七章）的无为而治的原始社会。这样，从社会发展规律、政治等方面看，就属于停滞甚至倒退的思想；但从哲学意义上说，却又是纯任自然与天地共融的世界观的反映。在这样的世界观的支配下，便有"不尚贤，使民不争，不贵难得之货，使民不为盗，不见可欲，使民心不乱"（《老子》第三章）。在这样的禁欲主义思想影响下，士人们无形中存在着心志淡泊的潜在意识。庄子同样提倡顺应自然，心志淡泊，主张"虚静恬淡，寂寞无为者，万物之本"（《庄子·天道》）。这一系列的思想与孔子倡导的仁、义、礼等是完全相背了。但再从《老子》第五十四章看："善建者不拔，善抱者不脱……修之于身，其德乃真，修之于家，其德乃余，修之于乡，其德乃长，修之于国，其德乃丰……"老子对人的社会责任感，人的道德标准和道德观，还是十分理解和重视的。只有具备了社会责任感和道德感，才能维持正常的社会秩序，才有社会的稳定，才能保证人民的生活安定。

所以，从社会效果衡量道家与儒家的思想，却又有许多相近的方面。无怪许多学者都认为儒道两家的学说是相辅相成、互为补充的，即通常所说的儒、道互补。无疑，这已成为我国传统文化中众所公认的、流传不衰的两大源流。

这两大源流汇集在一起后，对我国传统文化的影响是深远的；对士人的影响也是巨大的。古之士子从"人之初"到"道可道非常道"，是一个"学而时习之"的过程，儒、道文化的乳汁哺育了士子们的成长，他们一方面以仁、义、礼、智、信等伦理道德约束自身，并奉之为处世立命至高无上的准则；另一方面又用"少私寡欲"，恬静淡泊、洁身自好等清静无为思想，作为品格磨炼的最终目标。于是，超公利、求谐和成了士子们特有的传统品性。

纵观古之士子，当入世而达，仕途显贵时，便自觉地恭行儒道，维护礼教；当处世坎坷，宦海沉沦时，又以虚静恬淡、寂寞无为是万物之本，看成是人生的最终追求。于是，不期而然地走上了隐逸的道路，过着游心物外的生活。可以想象：这些人对山、林的要求是何等的殷切，一朝有机会营建城市山林时，企盼与自然相融合的心情又是怎样的强烈！

二、传统审美思想及其影响

我国古代汉语里有"美"和"学"的字，但却没有"美学"这一词语。说明古代对美的思考尚未进入到知识学的系统中去，同时也表明各种"学"尚未将美作为一个独立的主题纳入其中，当然更没有西方意义上的美学。但没有美学不等于不懂美，不等于没有美和审美思想。

什么是美？古人对美怎么理解？一些有关的美学书刊中，首先把美学作训诂性的解释。这对园林植物景境的美学分析，距离是较远的，所以还得从传统文化、经史子集格言名句中寻找答案。试看《国语·楚语上》楚灵王与伍举的一段话："灵王为章华之台，与伍举升焉，曰：台美夫？对曰：臣闻国君服宠以为美，安民以为乐，听德以为聪，致远以为明。不闻其以土木之崇高、彤镂为美……夫美也者，上下内外、大小近远皆无害焉，故曰美。若于目观则美，缩于财用则匮，是聚民利以自封而瘠民也，胡美之为？"伍举对美所下的定义，要算是最早见之于典籍的记述了。他首先否定了感官声色之为美，对崇高华丽的章华台，却认为"不闻其以土木之崇高、彤镂为美"。明确希望国君治国，要使上下内外、大小近远各得其所，相安无事，国泰民安，受到四方远近的拥戴，才算是真正的美。这是一种积极的富有内在意义的美，是寓善于美、美善同义论的首创者。但也有人认为：从阶级观点分析伍举的论点，是站在奴隶主阶级的立场上，为维护本阶级的长远利益，把美与伦理道德，即与善联系一起，是混淆了美、善关系。这是政治色彩较浓的分析，与植物景境的美学关系也不大，故亦不予深论。但是寓善于美的这一积极的审美概念，却有其深远的对植物景境的指导意义。

孔子也同样把善与美等同起来，甚至把美从属于善。试看《论语·八佾》中的一段："子谓《韶》尽美矣，又尽善也。谓《武》尽美矣，未尽善也。"这是什么意思呢？《韶》与《武》都是乐章的篇名，《韶》乐是歌颂舜的篇章，舜与尧行揖让，是孔子心目中的仁政，是至善者，所以这音乐是尽善尽美的；《武》乐是歌颂周武王的篇章，商纣暴虐，武王用武力灭商兴周，周朝推行仁政，其总方向是正确的，但用武力定天下却违背了"仁"，孔子从伦理道德标准来衡量，《武》乐只能算是"尽美"算不得"尽善"。这种强调美、善等同，美包含着道德内容、精神思想，可以说是积极的富有民族文化特色的古典审美观。至于道德标准，则又反映了社会的面貌，随着社会的发展进程，可以赋予新的内容，随社会的发展而发展，也就不会停滞不前，而可长葆青春了。

孔子之后，另一位具有重大影响的人物是孟子。孟子在《尽心章下》中指出："可欲之谓善，有诸己之谓信，充实之谓美。"意思是一个人如果只限于寻求理应得到的、本分的，也即是"可欲"的东西，是符合伦理道德的；对于非分的、不可欲的东西，不加指望的，便是"善"的表现。"信"是指为人处世能以仁、义、礼、智等伦理道德为约束，决不背离这种道德精神，便是有"诸己"，便是从内心精神上感到充实，即是"善"与"信"都符合道德标准，便能使心地充实，这将是真正的美。孟子把善与美，信与美相联系的结果，实质上便是把伦理道德的内容与美的形式相联系，达到孔子倡导的"尽善尽美"的效果。这美、善统一的思想，又促使了积极入世的、以追求人格美为目的的高尚风气的发扬光大！在这种社会风尚的影响下，一种把自然之物的某些特征，与伦理道德相比拟的审美方法，便不断发展，成为"比德"观念的思想基础！所谓"比德"，《荀子·法行》中有一段话作了清楚的解释。原文是："'君子之所以贵玉而贱珉者，何也？为夫玉之少而珉之多耶？'孔子曰：恶！赐！是何言也！夫君子岂多而贱之，少而贵之哉！夫玉者，君子比德焉。温润而泽，仁也；栗而理，知也，坚刚而不屈，义也；廉而不刿，行也；……《诗》曰：'言念君子，温其如玉。'此之谓也。"荀子借子贡与孔子关于为什么玉贵珉贱之讨论，借用玉的某些特点，与君子的高尚人格相比拟，故"言念君子，温其如玉"这种以美好的事物属性，与审美对象的相互类比，便是"比德"观念的实质，也是古典审美观的重要内容之一。

关于道家的审美意识。首先，老、庄同样不以感官的直觉反映作为审美的标准，主要强调审美对象内在属性的美或丑。《老子》第十二章中说道："五色令人目盲，五音令人耳聋，五味令人口爽，驰骋畋猎令人心发狂，难得之货令人行妨。是以圣人为腹不为目。"这段文字的意思是：如果人们肆意追求"五色"、"五音"、"五味"将会失去正常的感觉，将使眼不察色，耳不明声音，口不辨滋味，味觉衰退，终日游猎，追求珍奇，将会失去正常的理智。因此，"圣人为腹不为目"，只图温饱不求奢华。所以，提倡"小国寡民……甘其食、美其服、安其居、乐其俗……"（《老子》第十八章）。从提倡的内容上看，与儒家倡导的以伦理道德观为中心的审美意识，是有某些相似的。实质上，儒家鼓吹仁、德，用伦理道德等礼教约束人们的思想，是为了维护本阶级——奴隶主阶级的利益，达到其巩固统治地位的目的。老子用无为而治的观点，对新兴的封建主的奢华靡费进行批评。但当他无法实现他的"小国寡民，鸡犬之声相闻，老死不相往来"的原始社会生活时，只能见素抱朴，少私寡欲，成为后世隐逸生活的思想根源。

再说，衡量美、丑的标准。道家懂得客观地从比较中找到答案，《老子》第二章有一段："天下皆知美之为美，斯恶已；皆知善之为善，斯不善已；故有无相生，难易相成，长短相较，高下相倾，声音相和，前后相随。"就是说，天下都知道美，才有与之相对的丑，没有美就无所谓丑。相反，没有丑也显不出美来。长与短，高与下……都是相比较而存在的。这种对美、丑的辩证观点，应该说是深刻的。庄子和老子一样，也否定声色之为美，反对感官的肆意享乐，故也有"五色乱目"、"五声乱耳"、"五臭熏鼻"、"五味浊口"、"趣舍滑心"等五项"失性"的论点（《庄子·天地》）。在对待自然和自然美的认识方面：庄子认为美是存在于天地和大自然中的。虚静恬淡纯任自然是为万物之本，朴素真实天下便无法与之相媲美。《庄子·天道》中的一段表白了这一思想："夫天地者，古之所大也，而皇帝尧舜之所共美也。"继而进一步阐述了这一观点，写道："覆载天地刻雕众形而不为巧。"意思是说：上覆于天，下载于地，天地之间不加任何造作，便是巧妙美好的，也即是说天地自然之物是万物都无法与之媲美的！老庄都提倡朴素、崇尚自然，不以人工造作为美，不以感官享乐为荣的审美意识，是后人主张清新典雅、师法自然，把"归真返璞"（《国策·齐策四》）作为理想境界的思想根源。顺便一提，古代统治者也深知奢华靡费之害，为了稳定自身的统治地位，也主张简朴。汉景帝为此特发了一道有名的《令二千石修职诏》，指出："雕文刻镂伤农事者也。"历代园林主人也深知其意义，对园景特别是植物景境，都选用富有文化内涵、可供品性磨炼者，不以红艳花色取胜。老子在修身处世方面，本着同一思想体系，提出"金玉满堂，莫之能守，富贵而骄，自取其咎，功遂身退天之道"（《老子》第九章）的为而不持的观点；在《老子》第八章、第八十一章等篇章中，又都流露出了质朴的、居善不争的高尚情操。这些都是后世士子在人格修养、品行磨炼上，十分宝贵的精神营养。同样，对园林及植物景境也具有非常深远的影响。当园主造园旨在深藏避世时，便与老庄的这些情趣契合无间了。

古人倡导寓善于美，反对以感官享受衡量美、丑，而以内涵特性作为审美标准，把朴素自然作为崇高追求的审美意识。这是中华民族特有的古典审美观，也是传统文化的精华之一！

今天对美的理解则比较直觉，著名教育家蔡元培先生曾有这样的解释："美感者合美丽与尊严而言之，介于现象与实体世界之间而为津梁。"这津梁应该是一种情感，说明对美应该具备爱护之心，仰慕之情。对花木岂能例外！

三、宇宙观、空间观的哲学意义及现实意义

什么是宇宙？什么是宇宙观？所谓宇宙，按《淮南子·齐俗训》的解释是："往古来今曰宙，四方上下曰宇。"这一概念是包容纵横的极大范围。所谓宇宙观，也就是对这样一个大范围的认识。人在宇宙间是"上覆于天，下载于地"，"天道远而无所积，故万物成"（《庄子·天道》），宇宙是人赖以生存的一个巨大空间。

这里必须了解古人对天是怎样认识的，对地又是怎样认识的？《列子·天瑞》中写道："清轻者上为天，浊重者下为地，冲和气者为人。"这一观点到后来被作为启蒙知识，传授给儿童，在《幼学琼林》一书中便详细地说："混沌初开，气之轻清而上浮者为天，重浊而下沉者为地。"意思是天、地、人都源出于一，都是从气而化生的。但当人们看到天地之辽阔，且又主宰着晴雨风雪，生死兴衰，便觉得天是至高无上的万物之"神"，这里既有神秘莫测的一面，又有敬重畏惧的一面。《尚书·召诰》中有一句："皇天上帝改厥元子。"天命难违，对天是何等敬畏。所以子夏说："君子畏天命"（《论语·季氏》）"获罪于天，无所祷也"（《论语·八佾》）"死生有命，富贵在天"（《论语·颜渊》）。这些虽属宿命之论，毫无积极意义，但从中可以看出对天的认

识，把天看作是包含一切，主宰生死祸福创造万物的宇宙中心。

不仅如此，古人还要求人们真诚地依赖天，信奉天，即《中庸》第十九章，第二十五章所说："诚者天之道也，诚之者人之道也"；"诚者物之始终，不诚无物"。只有真诚地对待天，才能万物化生，于天地相参。正如《尚书·舜典》写道："八音克谐，神人以和，"；《易·乾象》又说："夫大人者与天地合其德"；孟轲、子思等则进而提出："养浩然之气，可以充塞于天地之间"等等。再联系《列子》天、地、人同源的说法，似应得出一个结论，就是：从这三者的本质看，天、人之际应是和谐而统一的。

到了西汉董仲舒，他进一步把天、人之际和谐的观点，引申为自然与人为、自然与人的合一。如《春秋繁露·立元神》中有一段："天地人，万物之本也。天生之，地养之，人成之。天生之以孝悌，地养之以衣食，人成之以礼乐，三者相为手足，合以成体，不可一无也。"同书《身之养重于义》篇中又道："天之生人也，使人生义与利，利以养其体，义以养其心，心不得义不能乐。"《深察民号》篇中则提出："天生民性，有善质而未能善，于是为之立王以善之，此天意也。"这些论述的中心是：天、地、人是互为联系，紧密相依的，天是主宰万物的，人是宇宙的中坚，天与人互为感应。

至于广为引用的"天人之际和谐合一"论点的哲学基础，便是《深察名号》篇中的"天人之际，合而为一，同而通理，动而相益"。引申开来，便是《阴阳义》中所说的："天亦有喜怒之气，哀乐之心，与人相副，以类合之，天人一也。"这里除了天人对应关系之外，更把天与人相比拟，把自然予以人化。故《为人者天》篇中又说："为人者天也，人之人本于天，天亦人之曾祖父也……人之喜怒，化天之寒暑，人之受命，化天之四时，人生有喜怒哀乐之答，春秋冬夏之类也。"《阳尊阴卑》篇中也有同样思想："夫喜怒哀乐之发，与清暖寒暑，其实一贯也，喜气为暖而当春，怒气为清而当秋，乐气为太阳而当夏，哀气为太阴而当冬，四气者，天与人所同有也。"董仲舒把人化了的自然，赋予人的性格，从伦理道德到精神思想，形成心灵与自然的统一。

影响所及，古典审美观、"比德"思想等便借助这一哲学基础而得以流传不衰。

古人把观察天地自然的过程，作为主体道德观念寻求客体再现的过程，也是基于人的性格心理与自然相和谐的这一哲学基础。这种性格心理与自然的和谐统一，已发展成为民族的精神本性。与西方人相比，显然他们把天地自然看作是与人相对立的异己力量。因此，他们重于对自然的征服，从造园来说，西方人强调人工的因素，强化人造的力量。即以植物景境而言，西方人也喜欢掺入人工的因素，喜欢以人的意志塑造树形；而我们则在天人和谐的思想支配下，力求最大限度地让自然山水渗入生活的周围，并幻化成人格的象征。以此作为最高的审美情趣。所以造园配景，便外师天地造化，处处以借得天然景色为上，人工造景力求仿效自然为最高要求。同时，又认为人只要忘却自我，保持本心，便可达到"天人合一"的境界。这一观念直接影响了民族的思维方式和文化内涵，也间接促使造园造景、植物景境配置重视文化内涵，构成了极富文化意趣的古典审美意识。

植物是天地自然间、景物体系中必不可少的，将其纳入园林之中，可以促使园林植物景境以及整个园林融会到宇宙之中，园主置身园中，也就融会到天地自然之中了。

"天人之际和谐"的宇宙观，决定了园林景观能融会到无限宇宙之中，是最高尚的审美情趣，也即通常所说的雅而不俗。但当城市园林有限的尺度，与无限宇宙之间的矛盾永远无法统一时，特别是士人园林难以和气势恢弘的皇家园林并论时，园主便不得不仗着借景、缩景、"壶中天地"②、"芥子纳须弥"③等艺术手法，达到万景天全的境界。甚至更从主观情怀出发，用"有我之境，以我观物，故物皆着我之色彩"（王国维《人间词话》）的意境思维，辅佐着有限的尺度，求得园虽小而景物体系却能完备的理想天地。于是，景物能否形成体系，是否与天地自然融会和谐，意境思维或其内涵的深浅，便成为审美情趣、艺术水平的评价标准了。

当认识到宇宙的伟大，人和景物与之融合的同时，必然觉察到自身的渺小。所以，辛弃疾在《题永丰杨少游提点"一支堂"》说："无穷宇宙，人是一粟太仓中。"正因为意识到人的渺小，也就更能体会到要依赖天地自然，植物本身就是依赖自然而生存的。但人的力量是有限的，士人们知道那种气势恢宏，"规矩制度，上应星宿，体象乎天地，经纬乎阴阳"，"左牵牛右织女"的秦汉宫苑无法效仿时，或直接利用自然之一角，"移籍会稽，修营别业，傍山带水，尽幽居之美"（《宋书·谢灵运转》）；或把大自然进行浓缩，即"止水可以为江湖，一岛可以齐天地"（王璇《全唐书·唐文续拾》）所写。而大多数士人便掇山理水，造园造景力求与天地自然相融合。

当士人们一方面体会到宇宙的无穷无尽，自然的广阔无际，另一方面深知自身的力量有限，简单地再现那种万景俱全的景物体系以体现出无垠广阔的宇宙，已成永远无法实现的奢望时，就不得不寻求一种特殊的艺术手段，使有限的景物体系表现无垠的天地宇宙，从而达到天人之际和谐的理想。他们把有限的景观形象赋予深广的寓意，结

五代·李成《晴峦萧寺图》

---

②《后汉书·方术传下》："费长房曾为市椽，市中有老翁卖药，悬一壶于肆头，及市罢，辄跳入壶中，市人莫之见，唯长房于楼上睹之，异焉。因往再拜奉酒脯。翁知长房之意其神也，谓之曰：'子明日可更来。'长房旦日复诣翁，翁乃与俱入壶中，唯见玉堂严丽，旨酒甘肴盈衍其中。"俨然另一天地。

③《维摩经·不思议品》："若菩萨住是解脱者，以须弥之高广，内芥子之中，无所增减，须山王本相如故。"

合意境思维，调动和激发审美者的想象能动力，突破时空的限制，获得远胜于原有形象的艺术手段。最能体现这一艺术手段的要算国画中的"写意"手法了。北宋刘道醇在《圣朝名画评》中说："成（李成）之画……缩千里于咫尺，写万趣于指下……林木稠薄泉流清浅，如就真景。"就是说不局限于一景一山的模仿，而从对景物的感思体会出景物上的微妙变化，使其表达在画面上，也就是国画中"迁想妙得"的艺术手法。在造园植物配置上，怎样运用这一手法，使有限的景物体系表现出广阔的宇宙模式。其中有一个空间认识问题，为了清楚地阐明，得从古人的文章记叙中进行钩沉探索。

古代士子的空间观几乎是伴随着宇宙观同时形成的，《老子》、《庄子》、《淮南子》等子集中，早就有不明写空间二字的空间观念的存在。例如《老子》第十一章中有一段："三十幅共一毂，当其无，有车之用；埏埴以为器，当其无，有器之用；凿户牖以为室，当其无，有室之用。"老子从有无相对的关系中，说出了具有实用价值的空间。《庄子·列御寇》中写得比较明白："我以天地为棺椁，以日月为连璧，星辰为珠玑……"庄周把整个天地看作是一个巨大的空间。这些都表明了古人是早就对空间有所认识了！之外，散见在文章诗词中的空间概念也是随处可见。如唐代李白的二首七绝，其一，《峨眉山月歌》："峨眉山月半轮秋，影入平羌江水流。夜发清溪向三峡，思君不见下渝州。"其二，《下江陵》："朝辞白帝彩云间，千里江陵一日还。两岸猿声啼不住，轻舟已过万重山。"再如南宋陈与义《襄邑道中》："飞花两岸照船红，百里榆堤半日风。卧看满天云不动，不知云与我俱东。"这几首诗中都未明写空间两字，但长江与淮水两岸的空间景色却跃然纸上，把纵横百千里，高下数十丈的江山风光尽收眼底；同时，还抒发了因两岸风景的秀美，所以觉得旅途短暂并不寂寞的心情。诗篇生动之余，令人体味到静态的三维空间的优美景色，还掺入和表达了时间与空间融合一体的动态性的四维空间景观。这足以看出诗人的空间认识是十分深刻的。再举两首对较小范围空间描写的诗篇，以便说明古人既有宏观性的宇宙大自然的空间概念，也有渗透在日常生活中对空间的描绘。例如唐代王建的《雨过山村》："雨里鸡鸣一两家，竹溪村路板桥斜。妇姑相唤浴蚕去，闲看中庭栀子花。"他的另一首诗《十五夜望月》："中庭地白树栖鸦，冷露无声湿桂花。今夜月明人尽望，不知秋思落谁家。"这两首诗同样未写空间两字，却把从村外到庭院，地面到树梢的村居轮廓，生活空间都勾画出来了。再如叶绍翁的名句："满园春色关不住，一枝红杏出墙来"。短短两句，只写杏花的怒放，把春色从园内带到了园外，送到了大地。这也是熟黯了多维空间的概念后，才能有如此神来之笔描写春色的悄然来临。

植物材料不仅能反映古典审美情趣，富有性格特点可用于"比德"，而且更有独特的空间特性，可与天地自然相融合，有利于意境思维。

白居易《草堂记》中有一段描绘古木的空间景观："夹涧有古松、老杉，大仅十尺围，高不知几百尺，修柯戛云，低枝拂潭，如幢竖，如盖张，如龙蛇走。松下多灌丛……承翳日月，光不到地。"几株大树，上遮天日，下覆池水，再加杂木异草，把草堂遮蔽在绿荫之中，更有"朱实离离"，上下左右，层次分明，真是景色迷人。这是一幅天然图画，更是实际存在的三维空间景观。明代于奕正《娑罗树歌》描写北京卧佛寺的娑罗树(七叶树)景观："大叶小叶青如剪，千螺万螺绕根生。阶前数亩数百载，日影不向其中行。耳中惟闻雨大作，出树乃见天空晴……"一株古木如同广厦千间，荫蔽日月，真是"老桧如幢翠接连"（杨万里）。仅此一二例，便足以看出树木的三维空间特性是明显的，所以被广泛用于组织空间等园林用途。

上面例述的是大树、老树的特点，而且不同年龄时期的空间特性是不同的。总的来说：幼树规整、冠小；覆盖面小；壮年雄健高大，覆盖范围大；老干虬髯、壮丽，古木异趣。除此之外，一年之中尚有枯荣之变，春花夏荫，秋实冬眠，动态变更，富有自然情趣。

《花镜》作者清初陈　子，对植物的四季景观有极精彩的描摹："梅呈人艳，柳破金芽；海棠红媚，兰瑞芳夸，梨梢月浸，桃浪风斜……一庭新色，遍地繁华……岂非三春乐事。"陈　子用梅、柳、海棠、兰、梨、桃六种花木，描绘了春天的繁华，赏春的快乐，写得生动，景色确实可观。"榴花烘天，葵花倾日，荷盖摇风，杨花舞雪，乔木郁葱，群葩敛实。篁清三径之凉，槐荫两阶之粲……诚避炎之乐土也。"在清凉的竹

春花

夏荷

秋叶

冬梅

径引导下，乔木蔽日，荷风阵阵，多数花卉开始坐果结实，偶有红黄石榴之花和葵花的向日摇曳，此情此景，自是夏日之清凉！"金风播爽，云中桂子，月下梧桐，篱边丛菊，沼上芙蓉，霞升枫柏，雪泛荻芦。晚花尚留冻蝶，短砌犹噪寒蝉……乃清秋佳境也。"桂、桐等七种树木，杂有未被冻僵的蝶和蝉，勾画了秋的来临。至于植物描绘的冬景，陈　子又写道："枇杷垒玉，蜡瓣舒香，茶苞含五色之葩，月季逞四时之丽……且喜窗外松筠，怡情适志。"寒冬之景正可以抒发心志！古典园林中的雪中梅、红艳桃、悬枝榴、飘香桂、霜叶枫、冬蜡瓣以及池中荷，往往代表了时序季相之变化，花木的因时而异，正反映了天地自然的运迈！

把这种花木的时序季相变化，看作是在一张透视图上位移视角和时间延续的话，那就是植物的动态性的四维空间效果。

古典园林中不乏"修柯戛云"，如幢竖、如盖张的大木；隐约围墙的藤萝，悬崖水边的灌丛；更有布水莲荷及应时繁花，可称时空景观丰富。最为有味的是苏州留园中部山丘，木樨林中有轩名"闻木樨香"，这"闻木樨香"四个字典出有据（后详），因花香弥漫园中，花香所及，空间随之而扩大，这种动态性的思维空间，往往在园林中普遍存在，芳香所及使人感到园景由此而增大。

同样，苏州拙政园的"留听阁"，留枯荷，听雨声，雨中赏秋从枯荷中领略。这既不像欧阳修那样悲秋（《秋声赋》）感怀，也不是元好问鹭影秋静晚凉之时听野外的蝉声（《山居杂诗》），更不像刘禹锡《秋词》中所说"自古逢秋悲寂寥，我言秋日胜春朝"那种激越昂扬；而是化因落叶引起的悲秋感怀为借枯荷听天籁，将身心融入天地自然之中，从而感受到秋色无边，天地无限，小园景色同样也是无穷无尽。园景在植物的辅佐下，诗意的点题中，超越了有限的园林空间。

海棠春坞

这种由三维空间与心理思维相结合的抽象性空间，是超时空的空间，有人称之为五维空间。园林中的五维空间常伴随着植物景境而存在，可以给人启发、联想，增添赏景情趣，间接地丰富了园景。步移景异，小中见大的设计特点和手法，赖以体现。

园林中借植物景境而形

成的五维空间，耐人寻味之余，更丰富了文化熏陶的功效。苏州拙政园中有一园中之园，庭院中寥寥几株海棠，门楣上题额为"海棠春坞"。红花朵朵，暖意丝丝，晨雾弥漫中如烟如云，带来了"烟云连绵人欣欣"的春意，红花统调了小院。赏此花，观其景，使人会联想王维《辋川集》中的《辛夷坞》，诗人不因"涧户寂无人"而依然从红萼的滋长中体会到春天的来临，同样也不因海棠花量不多而仍旧觉察了欣欣春意。此时此地、此景此情把游赏者的身心融入了诗情画意之中，超越了三维空间的局限，甚至浮想联翩地幻游着辋川古园，体味着其中的清幽。这时谁也不会觉得眼前只是一方庭院，恰如漫步在明媚山林之中。

至此，是否应该说：一旦离开了传统文化的熏陶，摒弃了文化的思维，古典园林的艺术价值也就会黯然逊色。而古典园林的植物景境也正是在传统文化的孕育下，才呈现了繁荣和滋长。这种与自然观相结合的抒情美，物我相融、人我同一的审美境界，是自然美也是人格美。

四、诗学和传统诗学

早在美学作为一门学科产生前后，在哲学领域里也探讨过有关美学的一些问题：这就是一、艺术哲学：设定了主客体的二元思维模式，形成了世界观和方法论等基本主题。二、关于美的思考：提出真、善、美，感性和理性的关系等。三是由古希腊亚里士多德提出的，人类理性可分为三个方面：理论理性、实践理性、创造理性或者诗意。创造理性或者诗意，进而发展成为诗学。古希腊诗学探讨的主题是：抒情诗、叙事诗和戏剧诗，特别是后二者更是探讨的重点。古希腊人对理性的三个方面，尤其看重理论，认为理论是最高的，不同于盲目的意见，从理性上探讨诗的基本内容、宗旨、创作和欣赏，从宇宙、世界和整体出发，才是整体的和谐，符合美的本质。

中国的传统诗学是农业文明的产物，农耕为主的生产方式注定人与自然、人与土地永难割舍的血肉情缘，在对天的仰视和对地的俯视中认识了世界，上天的覆盖、大地的承载确立了自身在天地间的存在，也作为托物寄情、托物言志的诗性对象，人对大自然的体认和感悟成为诗性的观照。世界因此而体现了为美而存在的属性。

早在春秋时期孔孟等儒家便奠定了审美的哲学思维，认为美在礼乐，在于仁。合礼乐的是美的，不合礼乐的是丑的。儒家美学的核心是由礼乐所规定的社会，是美与道德之善的关系。正是基于这样的认识，尽善尽美不仅意味着事物的完满，也意味着美善合一；作为自然哲学的道家，更能启人心智，开人胸襟，奠定了诗学的本体论和形而上学，又把形而上的哲学思维向形而下的理性还原，使审美的心灵更加澄明洁净，使诗性直觉更加细腻洗练。与此同时还要提及的是禅宗，是佛教结合儒道后中国化的产物，禅宗认为美在意境，意指心灵，境指视界，是指心灵构成的世界，包括了对自然的看法，体现了心灵的觉悟，根本问题是内涵的。古代哲人在这种思想的熏陶下，反映到话语体系便是诗学。诗学从春秋时代开始，到唐代乃臻于成熟。

唐代之所以被认为是传统诗学的成熟时期，是因为形成了两大诗学体系：一个是以杜甫为代表的"诗言志"体系；另一个便是以王维为首的"诗缘情而绮靡"的体系。后世，人称杜甫为诗圣，尊王维为诗佛。王维在当代便享有盛名，唐代殷　选了唐玄宗开元二年（714年）至天宝十二年（753年）间的24家诗，编为《河岳英灵集》，诗集推崇王维的诗是："词秀调雅，意新理惬，在泉为珠，着壁成绘，一句一字，皆出常境。"而韩愈则称杜甫是："李杜文章在，光焰万丈长。"元稹称杜甫是："上薄风雅，下该沈宋，言夺苏李，气吞赵刘，掩颜谢之孤高，杂徐庾之流丽，尽得古人之体势而兼今人之所独专。"

从诗性观照而论，这两大体系是有一定差异的。首先，诗言志一词最早见之于《尚书·舜典》："诗言志，歌永言，声依永，律和声。"《毛诗序》则说："在心为志，发言为诗。情动于中而形于言，言之不足，故嗟叹之；嗟叹之不足，故永歌之，永歌之不足，不知手之舞之，足之蹈之。""诗言志"体系有三个诗学概念：一是诗为心声；二是诗要有风骨，能兴寄，风骨可以说是诗的风格，兴寄则是主旨，是内容，两者密不可分；三是沉郁，沉则不浮，郁则不薄。沉郁就是一种深沉厚重的审美风格，是最高的审美理想。再说"诗缘情而绮靡"的诗学体系。晋代陆机《文赋》说："诗缘情而绮靡，赋体物以浏亮。"赋是一种唯美文体，诗和赋在本质上是类同的，只是语言风格和重点不同而已。以王维为代表的唐代诗风，注重审美远远超过言志。唐诗开启的宗风后来成为古典诗学的正统。王维的诗被苏轼称为"诗中有画"，正是缘情而绮靡的典范。缘情而绮靡的理论是神韵，所谓神韵，或可理解为："没有明确的主题，却表达了一刹那的感动；或者是：不着一字，尽得风流，言外之韵，象外之致，是思想的凝练、感情的流露。"④

到了后世，两个体系有合流的趋向，合流的最大成果便是寄托，因寄所托，托物言志。这些，在园林植物景境中最易体现，对此，本书还将展开叙述。

传统诗学两大体系中缘情而绮靡的"情"，"诗言志"的"志"，缘何而生？可以设想以园主的文化修养、阅历，生活在山峦池沼、花木繁荫的家园中，怎会不激起吟咏之思，著笔之情。真所谓"诗情缘境发"，良好的环境确是引发文人行与情的缘由，无怪园林中充满着画意和诗情！

第二章　植物材料的造园意义

树木有高大的树冠，或有秀丽的花朵，可以遮阴又能观赏；植物的光合作用，能吸收二氧化碳，放出氧气，从而净化了空气。早在巢居穴处的上古时代，人们因生活需要，离不开植物，到了别墅公寓的现代社会，人们为提高环境质量，也离不开植物。

本章着重讨论的是植物作为造园材料，在面积有限的古典园林中，怎样提高环境质量？除上述形态、生态功能外，如何发挥掺入了人为因素的艺术功用，以及其他易被忽视的园林用途，根据这一目的，总结、分析现存古典园林的植物景境，将可从中获得有益的借鉴，同时更可全面认识古典园林的景观及其特色，不仅如此，更重要的是当仿建、新建古典园林时，可得到具体的指导。

此外，现代社会因城市人口不断增加，生活空间狭小，如能学习、仿效古典园林中精巧和富有特色的植物配置艺术，城市绿化就可搞得更好。

一、植物材料造园意义的传统认识

古人造园怎样应用植物材料，培育成为园林景观，怎样认识其造园意义？恐无专著可资查考，只能在有关的诗词文赋、园记、笔记、小说中约略看到一些梗概，但在配置植物后，却极重视对花草树木的培育使之成为景观。苏东坡在《雪堂》词中有一句说得好"台榭如富贵，时至则有；草木如名节，久而后成。"说明了植物配置后，必须抚育管理，如同人的声誉名望，要靠自身的磨炼，平时的为人，争取社会的公允，无法一蹴而就，至于具体的培育、管理技术，本书不准备详加讨论了。

1.植物是"天人"体系中的重要一环，是造园造景不可或缺的材料

先秦、汉魏等皇家苑囿，规模恢弘。一方面因与农耕、放牧等生产有关，苑囿便是庄园牧场；另一方面，宽大的苑囿自然散生着各种植物，动物也可自由地生活。自然界的一切，在苑囿中都可以寻觅，苑囿原是自然界的一部分，生活其间感受到了自然界的一切。对帝王而言，"唯天子受命于天，天下受命于天子"（《春秋繁露·五行之义》）的狂妄，在苑囿中完全可以体现。设若没有了动植物，也就是没有了生命，一切自然节律就完全无法显现。因此，西汉董仲舒主张"五行"的观点，并强调"木者农也"，木代表了庄稼粮食，成为力量的源泉。董仲舒认为植物主宰着生命，植物为天之所赐，人必须仰赖

于天，故称"木为春"。另据考证，董仲舒生活的西汉时期，黄河流域林木繁茂，水草丰泽，生态状况良好①。董仲舒在这样一种风调雨顺、物茂林丰的环境中，深切体会到森林是自然界最重要、最具生气的组成部分，人类有了林木，庄稼才得以生存，一切生命才得以孕育成长。所以植物又成为天地之间、人类生活中不可或缺的自然之物。"天人之际和谐"的人生哲理，有赖于植物的存在才得以确立。

所以，自魏晋、南北朝起直到明清，士人造园无不重视林木的应用。即使把园直接造在山林之中，成为自然之一角，还是十分注重选择林木茂盛之处，如谢灵运选择"峰嶂隆峻，吐纳云雾，松柏枫栝，擢干竦条"的会稽山造园，白居易建庐山草堂于竹树云石应接不暇的峰、涧之中。即使在缺乏山林可借用的城市中造园，也要人工创造，如晋末名士戴"出居吴下，吴下士人共为筑室，聚石引水，植林开涧，少时繁密，有若自然"（《宋书·戴　传》）。心志淡泊如陶潜，虽不造园也要"采菊东篱下，悠然见南山"。总之，不论松柏枫栝、植林开涧、采菊东篱，都要有植物相伴随，在绿色的环境中，把自己融入到无穷宇宙之中，与天地相和谐。

2.城市山林心志所系

古代士人在出处仕隐的人生抉择中，大多以不得志而告终，在封建集权制度下，又以隐逸为首选。隐入山林为的是把心志寄寓在天地自然间，善养其浩然之气。而最能与天地自然共节奏的便是植物，特别是树木不论四时八节时令变化，都可一一反映出来；同时，经长期的培育，人们对其生物学特性，又都赋予人格化。在细察静赏中，可以寄情托志，植物成为人格价值与天地合其德的极好媒体。通常说隐入山林便是因为山是仁者所好（《论语·雍也》），林是人格的需要。嵇康、山涛等隐入竹林，便是因为竹的"性格"为嵇康等赏识，赏识竹子的"贤、德、直、道、贞"的性格，认为他们的人格只有竹子才可与之比拟，隐入竹林便是人格价值得以体现，心志才能有所寄托，所以世称"竹林七贤"。人们对竹的欣赏，就是借竹的贤德等内涵特性，烘托着自身的人格价值。作为隐遁现实而造的城市山林，当然少不得要用各种植物，特别是一些富有"比德"属性的植物，更是配植成景的必备的造园材料。

3.士农相依弘扬农耕文化

在农耕社会，士农相依，躬耕林泉，艺园植蔬，常被看作勤劳自律的美德。古代士人与农耕的距离也比较接近，所谓"朝为田舍郎，暮登天子堂"的事例也颇多，人们把发展农业放在极高的位置。《商君书·垦令》载："民不贱农，则国安不殆。"《管子·大

① 中国林业科学院科技情报研究所，我国是怎样由多林变为少林的［R］1976年6月。

艳丽的木瓜

昔日秭香缕缕，今日机声隆隆

拙政园枇杷园

匡》中写道："……用力不农，不事贤，行此三事者，有罪无赦。"从中可以看出，农业与国家安危、与贤德是紧密相依的。浸透儒道文化乳汁的士子，自然要认真卫道，以弘扬农耕文化为己任，实现孟子倡导的"五亩之宅，树之以桑，则五十者可以衣帛矣"的仁政。所以造园之际，每喜留隙地植蔬果、种桑麻。如宋·朱长文建乐圃后，桑柘、麻 、时果、嘉蔬无不种植；明·王心一归田园居北部，有一楼与墙外农田毗邻，每当秋熟，稻香缕缕，因题其楼为"秭香"，楼旁疏植瓜果；网师园集虚斋后院一株木瓜海棠，树姿美丽，干皮斑斓，结实离离，颇具古意；拙政园中枇杷园，更是素负盛名的果树景点。所有这些，都倾注了园主对农耕的丝丝情怀。因此，纵观汉之上林苑，以迄明清的居家小园，或多或少总有瓜果杂植园中，说明实用性的植物也受青睐，这是植物材料的另一功用。

二、植物材料造园意义的现代认识

植物造园的景观作用是无可非议的，游园赏花早已成为共识。但园艺学家、林学家从自身的专业出发，认为单纯地肯定植物的造景观赏、游憩怡情等一般园林功能，远远不能说明其实际效果，应该赋予植物更有价值的功能，即生态功能。所以上海园林局的程绪珂先生不遗余力地倡导"生态园林"的观点。植物具有生态效益是众所公认的，这比起单纯地总结分析植物的观赏效益要积极得多。但是，植物总量有限的古典园林，其生态功能的强弱、环境效益的大小是应实事求是地分析的，园中空气新鲜、通风、采光良好则是应予肯定的。

令人欣喜的是建筑学界，对植物的造园功能也给予了高度的重视和评价，这是难能可贵的。建筑学家刘敦桢在《苏州古典园林》中专列一章《花木》，从种类、配置、花木与房屋、花木与山池，花坛、盆景等各方面都作了较详细的讨论。继而杨鸿勋又在1982年撰文《江南古典园林艺术》，文中总结性地提出了植物材料的九大造园功能：即"隐蔽围墙，拓展空间"；"笼罩景象，成荫投影"；"分隔联系，含蓄景深"；"装点山水，衬托建筑"；"陈列鉴赏，景象点题"；"渲染色彩，突出季相"；"表现风雨，借听天籁""散布芬芳，招蜂引蝶"；"根叶花果，四时清供"。这九大功能大多是从空间效果上进行的概括和分析，有了植物才能使园林景观的空间效果显露、突出，才能"表现风雨，借听天籁"，才能"含蓄景深"，小中见大。一位建筑考古专家能对植物的造园功能，提出如此精辟的论断，这正说明了他对植物材料的研究之深，更清楚地证实了植物材料的功能是众所公认、无可非议的。这里就借用这九大功能，作为植物材料造园意义现代认识的总结。

三、植物景境欣赏

植物在自然界蒙天地之孕育，阳光雨露之滋润。一经配置于园林，同样须承日月风雨、阴阳寒暑之调和，才能与山池路桥房舍相协调形成园林景观。这里，植物就反映了自然，代表了自然。欣赏其间就可以"法天而立道"（《汉书·董仲舒传》），抒发心志体现人格价值。

1.植物景境的理性审美

通常，人们欣赏植物，大多是以外部的形态、姿色等为主，尤以赏花为最多见。但在传统文化的影响下，士人们欣赏植物景境，远远超越了外形的观赏，更超越了单纯赏花的习俗。

远古时期，人们从对树木的无限敬畏，即前章所说的原始崇拜起，到后来"比德于物"——以树木为"比德"对象的古典审美观的形成。审美主体通常从主观意识，把自身的意志情怀掺和在审美客体之中，故带有较明显的主观意识。这主观意识随审美主体的不同而有差异，士人们在隐逸文化的影响下，以寄寓心志为目的，着重寻找审美客体中某一特性与自身相契合。在植物景境欣赏上，也就着重其内在特性的欣赏，并把该特性作心志之所寄，于是便出现了"梅痴"、"梅癖"等传奇式人物。而就大多数士人来说，则注重与天地的相融，也即是要求有一个充分反映自然意趣的环境，环境中还希望有生意。这从左思的《招隐》诗中可以看出："杖策招隐士，荒途横古今。岩穴无结构，丘中有鸣琴。白云停阴冈，丹葩曜阳林。石泉漱琼瑶，纤鳞或浮沉……"诗中着意刻画了荒途、岩穴、石泉等自然之物，又描述了丹葩、纤鳞等富有生意的生物，环境自然是适于隐逸生活了。清·尤侗《抱青亭记》也表达了类似的思想："……白云青山为我藩垣，丹城绿野为我屏祆，竹篱茅舍为我柴栅，名花语鸟为我供奉，举大地所有，皆我所有，又无乎哉！"这里虽然也提到了名花与语鸟作为装饰之用，但就其总体看还是重视环境的自然幽适，反映了士人的情怀与环境的融合，也就是达到了心与境契的地步。所谓心与境契，并不仅是某种情感与某种景物间单一的对应关系，也不是景物相对于情感作简单直接的比喻、象征，而是审美主体情感、意趣直到潜意识的审美心态与一切山林景观的浑融。也就是说，植物景境作为园林中的一个局部，必须与整个园林浑融统一成山林景观，在山林般的家园中领略到天地自然的舒适和谐。因此，司马光认为"草妨步则薙之，木碍冠则芟之……"即使人工栽树也要按白居易所说的："栽松不趁行，相与同生天地间。"（王应麟《困学纪闻》卷二十）与西方园林中追求数的和谐整一性，存在着明显的不同，审美情趣也就天壤之别了。

　　可以说，古典园林的植物景境美是由知识层面产生的美，是"困难且严肃的美"[②]。这种由知识积累获得的美感，要比靠本能情感获得的美，更难能可贵！

2.植物景境的山水审美

　　士人们既然希冀与天地自然相谐和，所以也就特别钟情于山林。正如陶弘景《答谢中书书》中所说："山川之美，古来共谈，高峰入云，清流见底，两岸石壁，五色交辉；青林翠竹，四时俱备……实是欲界之仙都。"山川之所以美，是因"高峰入云，清流见底"的山水大空间中，

耦园黄石山"邃谷"

② 艾伦·卡尔松.自然与景观[M].陈李波，译.长沙：湖南科学技术出版社，2006。

更有"五色交辉"的绿色景观，故赢得了"古来共谈"；而山中的"五色交辉"则借助于烂漫的山花，四时不断的绿叶。尝见西天目山中有一种孢子植物名翠云草（Selaginella uncinata），彩蓝色的茎叶能随光线的强弱而辉暗，装点山岩，辉映满谷，映衬着郁郁葱葱的古木和挺拔清秀的竹林，更有黄石一二出露于树丛之中，这便体会到了"五色交辉"的山林美景。古典园林中人工堆掇的假山当然不能入云，但苏州园林在小中见大的造园手法摆布下，不乏状如入云之"高峰"，如耦园黄石山"邃谷"间，两侧峭壁高耸，颇有高峰入云之势，从山巅到山坡绿化满山，自有"五色交辉"的景观。至于"欲界之仙都"，是人在山川间，心志有所寄，天人相和谐时的心情流露。现援引元·杨基的一首七绝，以表达人在山林间的心情感受："细雨茸茸湿楝花，南风树树熟枇杷。徐行不记山深浅，一路莺啼送到家。"此时此景似乎人生已没有俗情与烦恼。

值得一提的是许多寺庙中都有颂扬和描绘山川树木的联句，如峨眉山报国寺中有联道："翠竹黄花皆佛性，白云流水是禅心。"把竹与花看作是佛性，可见其感情之深。无独有偶，许多道观中也有类同的联句，如四川青城山天师洞的斋堂中有联道："扫来竹叶烹茶叶，劈碎松根煮菜根。"不是清幽的环境，恬淡的心情何能有此等神仙般生活。儒、佛、道都十分爱护树木，说明理性精神在山林环境的熏陶下，与大自然的融和已达到了"化境"。

这些对山川林木的情怀，成了造园者的理想美景，这理想美景就成为布置园景的意，

静寓动中，动由静出

意在"笔先"的意，主要就是山川林木，也就是胸中的丘壑，因为胸中有了这丘壑，所以虽仅片林拳石，却也具有园小天地宽的意境！

3.植物景境的动静审美

自然界的动与静都是互济共存的，是事物运动的规律。晋代郭璞道："林无静树，川无停流"，风吹枝摇，虫鸣林喧，"静寓动中，动由静出……静之物，动亦存焉(陈从周《说园五》)。"所以王籍的名句"蝉噪林愈静，鸟鸣山更幽"，常被用之于园林造景时的设计准则，苏州拙政园中部山林就有此一景。同样，许多山林清景也大多在动静对比中产生，"空山不见人，但闻人语响"（王维《鹿柴》），读来如入太古之境，令人神往！

艳丽的花色

园林在植物的掩映下，不乏清静的环境，赏玩其间可以朗读，也宜静思，正如《李东阳集卷十·听雨记》中所写的那样："其心冥然以思，萧然以游，若居舟中，若临水涯，几不知天壤尘鞅之累为何物也！"静常派生幽，这在小庭院中最是突出。幽静暗淡中还会因植物的存在而引发丝丝生机，这植物便是青苔。王勃《苔赋》中有："背阳就阴，违喧处静。不根不叶，无迹无影。耻桃李之暂芳，笑兰桂之非永。故顺时而不竞，每乘幽而自整。"袁枚也写过一首《咏苔》诗："白日不到处，青春却自来。苔花如米小，也学牡丹开。"清幽中有活力，清幽中不乏富丽，更映衬着恬淡高洁的心志。很少载入花木专著的苔类植物，静静地、默默地装点着

皱、瘦、透、漏的峰石，因玉兰花枝的点缀和匍地柏的衬托而显现出玲珑剔透的灵气

园景，给园林以生机，给园景以雅意。刘禹锡的陋室就是在苔痕的辅佐下千古传诵，成为士人们心向往之的"天堂"，而这样的"天堂"在古典园林中则比比皆是，这是现代园林无法与之相比的绿色景观。

园林中绿色景境的动静美，是随赏景者的心情而不同的，潜心道学的陶弘景，在山中心地静逸，每闻松声便欣然为乐；在政治上要求改良，写文章主张"明道"的欧阳修，发现"声在树梢"，而引发了悲秋的感喟。孟浩然说"竹露滴清响"，因竹子而连露滴也清响了，左太冲则概括为"山水有清音"。可见山林之声虽微小如露滴，但也终究是清雅可赏的。由此可见审美的主观性导致了景观感受的悬殊性。此情此景对日游数园，导游解说不停地在耳边回响的一日游者来说，当然是无法领略了。

观花重艳丽，花具各色以红为多，红属暖色，暖者动；观姿清为贵，树姿叶片以绿为主，绿属冷色，冷者静。绿树、蓝水、粉墙构成了古典园林中淡雅的氛围，每当春日牡丹怒放，海棠红艳，一时宁静淡雅的园景顿觉喧闹。正如祁彪佳《寓山注序》中写的："室庐与花木半之，使能绿映朱栏，丹流翠壑。"动静相济，园景无限，从而四时景色都堪泛月迎风。

有高树、山峦、花草的掩映，虽小尤有宽畅感

4. 植物景境的空间审美

古典园林的空间效果，历来都被认为是十分明显和富有变化的。本书在第一章中也从传统的宇宙观等方面，讨论了古代士人的空间认识。就植物景境形成的空间，无论是从其层次、意境等许多方面看，均有突出的特点，故仍有再加讨论的必要。

文人造园物质力量有限，园地不能与皇家苑囿相比，但受宇宙观的支配，追求无限广大和将天地万物笼盖无遗的空间原则，却是遵循不逾的。因此，在小空间中怎样使之有宽大感，所谓"入狭而得境广"的感受，便是造园者的始终追求。

这一追求见仁见智地有着各种理解，各有不同的解释。历史上宋、明理学家的认识是："心安身自安，身安室自宽……谁谓一身小，其安若泰山；谁谓一室小，宽如天地间！"（《心安吟》，《伊川击壤集》卷十一）又如同书卷十四《瓮牖吟》中有句："用盆为池，以瓮为牖。墙高于肩，室大于斗……气吐胸中，充塞宇宙。"这就要求从人格磨炼入手，对自身约束和收敛，才能心安室宽，充塞宇宙。画家则强调用"写意"手法，使寥寥数笔包容万物。虽然这还是从传统的宇宙观和思维方式而来，但是毕竟比理学家所强调的人格磨炼要现实得多。也易于实施得多。古典园林的许多设计手法，也多从写意而来，诸如几丛竹、三二株树，便可形成一个景点，构成一个特有的空间等。

空间流通例一

空间流通例二

更重要的是怎样运用植物材料，或其他造园要素，创造出一个"入狭而得境广"的壶中天地，才能产生小中见大的景观效果。

运用不同种类的植物，产生不同的冠形、色彩、叶形、高低等变化，引起观赏者的视觉变化，从而引起不同的视觉感受，产生不同的景观效果。如在一条稍有弯曲的园路旁，分段配置不同的花木；也可结合山石、池水、房舍、亭廊等，用花木或衬托，或掩映，或是芳香袭人的兰、桂，或用晶莹碧透的蕉叶等随势配置。观赏者稍一变换位置，便能看到不同的花木，或看到不同的花木与相应的山池房舍，这便是"步移景异"的效果，这"步移景异"之所以形成，就是依赖植物的烘托和掩映。于是，空间感觉由此而得到扩大。

著名的留园石林小院，被建筑界誉为空间流通、空间效果特佳的代表。这里或用洞窗、洞门；或用尺幅窗、无心画，或用回廊相隔，室内室外息息相关，互相渗透。但是，假定室外都是铺装地，室内全用地砖地板，无一株花木，或无一块山石，试想，这种空间流通得再显著，又有何韵味可赏？这里全赖芭蕉在石旁摇曳，藤蔓在石隙穿梭；窗前花木扶疏，门旁花透沁香；房密地狭中不觉拥塞，充满了自然意趣。辅佐了建筑环境中空间流通的特色，强化了小中见大的效果，生动自然地成为石林小院的特有景观。植物材料的这种隔而不绝，却又反映自然意趣的突出功能，自古即为士人们所乐用，如《宋书·王弘敬传》描绘他的园林环境时说："所居亭山，林涧环绕，备登临之美。"王弘敬用林木与涧水作为园林的围墙，与外界相分隔，林与涧都是隔而不绝的自然材料，外界的大自然与内部的小园林可以息息相通，内园可借外景，空间效果良好，"备登临之美"。

由此可见，用植物辅佐"步移景异"、"小中见大"，强化空间效果，是最易为人们理解和体念的。较之理学家提倡人格、品性的磨炼，强调哲理，更易于实践和仿效。下面通过园林中现存的植物性景观及其空间效果，作一简略的介绍。

园林中常用植物的色彩、形态以及某些种类"人格化"了的特性，统调小庭院的景观，形成一个具有特色的独立小空间。诸如花色红艳足以争春的海棠春坞，花香清芬的远香堂，花果并茂的枇杷园，竹影婆娑的翠玲珑，叶片肥硕可以聆听雨声的听雨轩等等，都是植物自身的某一特色统调了局部景点所形成的空间美。如若进一步研究分析这些空间的特性，那么各个空间不仅具有上述形态上的特点，而且更具有其自身的内涵。例如：以绿色植物作为围护、点题、配景而成的绿色环境，其共同个性是静、幽、清。诸如怡园锁绿

幽静空间——最宜雨中静赏的拙政园听雨轩

拙政园儒雅空间

活跃空间

轩前的桐荫、沧浪亭翠玲珑旁的绿竹漪漪，拙政园涵青亭周围的高树和亭前的碧水萍藻，翠绿丛中不时有沙沙风声，反衬了环境的清静，阻隔了园外的喧闹声。因此，对这类空间，又可命名为清幽空间。

在以梅为景的园林局部，充满了"韵胜"、"格高"的梅情，有时尚辅以兰、竹，以丰富春讯，点栽菊花以繁荣秋色。这里充满了陶潜、林逋等的雅人逸趣，文化氛围浓郁，姑名这类空间为儒雅空间。拙政园中部雪香云蔚亭一带最为典型，如有老者挂杖小桥上，便可称是一幅立体的高士探梅图。

又有许多庭院天井，虽只隙地一弓，花坛一方，但有牡丹名品或海棠、芍药等配置其间，春季花开如锦绣图画。艺圃博雅堂前青石花坛中的牡丹，花姿雍容与宽敞的明式厅堂相辉映，一派高贵华丽景象，特称这类空间为华丽空间。而这类华丽空间在许多园林乃至家庭小庭院天井中，也常有此意趣。

更有一些以碧桃、紫荆、海棠、月季等春花为主景的空间。春天，给这些花木带来了活力，生气蓬勃地花开满树。人在其间游，常会被这五彩缤纷的色彩和欣欣向荣的姿态感染而觉得活跃、兴奋，称这类空间为活跃空间。活跃空间常见于园林中，且不止一个，可以有多个。拙政园历史上有宝珠山茶名种三四株，花时巨丽鲜妍[③]，里人争相赏看，骚人墨客题咏不绝。明崇祯年间榜眼、诗人吴伟业曾作《咏拙政园山茶花并引》，盛赞花姿之艳丽，诗道："艳如天孙织云锦，　如姹女烧丹砂。吐如珊瑚缀火齐，映如蟏蛛凌朝霞。……"红颜丽质，花容如绘，统调一方园景，故里人争看，景观效果明显，产生了社会效应，更活跃了一方的群众。是山茶带来了活力，带给人们生气。活跃空间的提法是当之无愧的！

活跃空间不仅园林中有，普通住宅庭院，甚至多层住宅、居室中都可创设，盆花数株、鲜花一束，点缀在阳台上、居室中，花时赏景可感受到春的活力。如若邀约亲朋，更可共领大自然的气息，丰富生活情趣，提高休息的质量，其意义不言而喻。

花开飘香，香占一方，走近花树旁，芬芳自然来。园林中不乏香花，花香所及成为香的"世界"，这香的"世界"可称之为芳香空间。园林中的芳香空间有三种不同的类型：有的花卉芳香与姿色并存，观赏者往往先看其姿色，又赞其芬芳。归根到底还是以赏姿为主，如墨红月季、香水月季等，它们所占有的是三维空间。有的则是香飘弥远却花形不显，花开季节先闻其香再细察其姿，香姿兼丽但香是主流，如代代花、兰花等。它们的植株既占有三维空间，更是芳香馥郁、弥漫四方，所以又把握了五维空间的范围。还有一种则因香气浓郁醇厚，常加工成蜜饯供食，如桂花、玫瑰等，这样芳香就随饮食而常记心田。又如代代、茉莉、白兰等可将其芳香窨入茶叶之内，因为花茶久贮犹香，品尝之

---

③苏州市地方志编纂委员会办公室，苏州市园林管理局，《拙政园志稿》，1986。

余齿颊留香久久不能忘怀。由观赏而转变成了特殊的芳香食品，更超越了三维空间的范围。素负盛名的梅花不仅香姿兼丽，而且空间效果较好，林逋写"疏影横斜水清浅"，是描绘其姿；"暗香浮动月黄昏"，则是说其香，而这香是占尽了三维、五维空间范围的。宋代沈与求《溪上见梅》诗证实了这点："山重溪复境迄回，暗香忽自空中来。日斜正见丛棘外，炯炯疏片飘寒梅。"杨万里《瓶中梅花长句》中有几句把梅花的空间效果，描写得更为生动："……猛香排门扑我怀。径从鼻孔上灌顶，拂拂吹尽发底埃。恍然坠我众香国，欲问何样无处觅。冥搜一室一物无，瓶里一枝梅的皪。平生为梅到断肠，何曾知渠有许香。夜

先赏姿

后闻香

来偶忘挂南窗，贮此幽馥万斛强……"杨万里笔下的梅花，既有晶莹如珠的姿色，又有强于万斛的芳香。一枝并插梅花仅在室内挂了一夜，芳香便贮满全室，所以当推门入室时，便有"猛香"扑怀，甚至吹尽了头发中的尘埃。这芳香竟浓得超出了室内空间的范围，怎不惹人喜爱！说明梅的形与香，都足以统调园林以及外界的空间，因而历久不衰地受到人们的赞赏。这诗句虽未用空间二字但把梅花统调园林空间的效果，细腻生动地点了出来，读了使人神往。

　　鲜花芳香以其清新纯净的馥郁气味，反映了自然的真实，置身花香空间之中，感到自然是可以捉摸的，是亲切和悦的，体现了古代哲学观中的与天地相和谐的概念；从另一角度说，花香空间是绝大多数人喜爱的，所谓雅俗共赏、智愚咸喜。园林中乐于创设

牡丹

杜鹃

桃花

荷花

这样的景观，这和现代园林是有其同一性的，只是限于土地条件，数量略少只能以少胜多，点题而已。不过欣赏者要是具有一种"心中有花"的心态，能进入自我最终的纯化，有一种原始质朴的美心，萌生出艺术的心灵，并向大自然倾吐出自己的心志，那么就从真实的境界进入到"神境"，景物便注入了情感，直观上增添了思维，那么身心和精神的享受就无形扩大了。日本江户时代的"徘圣"松尾芭蕉，在《住吉物语》中有句话："世香飘，梅花一枝巢鹪鹩。"意思是虽弱小如一枝梅花，也足以容鹪鹩作巢其上，这也源出于《庄子》逍遥游："鹪鹩巢于深林，不过一枝。"反映了欣赏者知足、安分、乐天的情绪，松尾芭蕉称这种思想情绪为风雅。他更在《笈之小文》中说："风雅者，顺随造化，以四时为友，所见之处，无不是花，所思之处，无不是月，见时无花，等同夷狄，思时无月，类于鸟兽。故应出夷狄，离鸟兽，顺随造化，回归造化。"同庄子随顺自然，物我同一的思想一样，反映了内在心志与外界境界契合的结果。有了这种心志，外界景物也就别有情趣和韵味，就能顺随造化，回归自然了，也就是使自我与自然融合。从这里可以看出，中国的文化精髓一旦影响了日本的文化界，且被一些深谙美学的人士接受、采纳后，必然反映到文艺领域中，于是便形成超越国界的文化契合。而在这样的传布过程中，植物则成为极好的媒介。

再说，如果有了顺随自然，物我同一的心志，那么景虽小而天地自宽，也就是说在有限的三维空间范围内，可以使思维引申到宽广的五维空间的范围中。这里，花卉的芳香就成为引导你进入宽广领域的向导。

5.植物的互比审美

通常说比较知优劣，植物也可以通过比较而分美丑、高下。所谓美丑、高下，实际并无确切的标准，更谈不上标准的客观性、社会性，主要依审美者的爱好、文化素养等而定。与现代社会的评选什么"花后"、"花皇"等，更是不可同日而语。根本不需要形成社会的共识，专家的审定，而在细酌浅斟中，或品茗论茶时，凭文气、才情、心境等即兴式比较评定，最后又常用诗文记叙其评比的结果。因此，整个评比的过程，也就是审美的过程。

评比的方式，一般是将几种花卉作相互的比较。从花姿、花色、花期长短、花期是否适时等进行比较。在实际比较中不一定是将待评比的花卉，同时放置一地互评，可以凭主观印象对两种或两种以上的花卉加以评比。有时更超越了上述从形态上评比的方式，而从花卉的内在特性、性格，比较抽象地作互评互比；更有超越了植物间互比而将植物与历史上的美女进行比较。评比十分灵活地随审美者的思维而定，也就是说审美者的思维宽广，则互比的对象就随之宽广，这种充满了文化气息的评比，成为古典审美的又一特色。从中可以看出与现代欣赏常以花形、花姿、花色为对象，直觉地作感官审评的不同点。

唐代舒元舆钟情牡丹，他在《牡丹赋并序》中写道："玫瑰羞死，芍药自失，天桃敛迹，李惭出，踯躅宵溃，木兰潜逸，朱槿灰心，紫薇屈膝。"舒元舆评点花木完全从他

个人兴趣和对各种花卉的了解，厚此薄彼地抬高牡丹，贬低其他花木，其主要目的完全为了"我按花品，此花第一"的思想所决定的。于是中书舍人李正封把牡丹说成"国色"、"天香"，而就有那么个文宗皇帝李昂，极有兴趣地把这一思想实践在他的宠妃身上，把她化妆打扮，并赐饮紫金盏酒，作为他身边的"国色"、"天香"。这便是把牡丹与美女媲美的著名故事（《撩异记》）。白居易则把杜鹃与美女相比，在《山石榴寄元九》诗中有句："花中此物是西施，芙蓉芍药皆嫫母。"把杜鹃比作历史上著名的美女西施，而将芙蓉、

拙政园荷风四面亭

芍药与古代传说中的丑妇嫫母相并论，可谓爱憎分明。明代张淮《牡丹诗》也说："芙蓉只合称凡品，芍药端教接后尘。"钱洪《牡丹》诗又说："国色天香映画堂，荼蘼芍药避芬芳。"只有北宋诗人梅尧臣却说："谁称为近侍，宜与牡丹尊。"这种为芍药鸣不平式的诗句，带来赏花过程中的风趣与活泼。《瓶史》认为"木犀以芙蓉为婢"，"蜡梅以水仙为婢"，褒贬分明，体现了审美者的兴趣。名花与美女相比，似是性之互通。而北宋书法家、文学家黄庭坚则把名花与美丈夫互比（宋·惠洪《冷斋夜话》），虽似欠情理，但却体现审美赏花中的活泼、轻松，多了一些热闹的话题。

不仅如此，这样的互比式赏花，使传统的严肃拘谨的"比德"式审美，得到了发展，增添了新意。如对桃花，大多认为是"俗艳几多妍"（梅尧臣），而李白却说："桃红容若玉，定似昔人迷。"向来被看作高洁的荷花，在李白眼中也是活泼多姿的"少女"，为岸上的"游冶郎"所垂爱，他的《采莲曲》这样写道："若耶溪旁采莲女，笑摘荷花共人语。日照新妆水底明，风飘香袂空中举。岸上谁家游冶郎，三三五五映垂杨。紫骝嘶入落花去，见此踟蹰空断肠。"而宋代徐积在《梦荷歌》中则直接把荷花比作美人，他说："……亦有美人贞且良，独在碧稍幛下藏。"宋代秦观不仅未把荷花的高洁放在眼里，而且还略带贬义地说："……芙蕖一何绮。美人艳新妆，敛袂照秋水。端如荡子妻，顾自良家子。黄金选燕赵，摇落对江　。薄暮风雨来，独立泪如洗。……"秦观在惋惜荷花娇柔的同时，竟与"荡子妻"并论，是惋惜还是奚落？难以思量，但这样的评赏，却是别树一帜饶有兴味。在园林中结合景点进行评赏，也就是在楼阁轩馆、亭廊厅堂等有题意的建筑中评花赏论，房舍可避风蔽日，花木可启发文思，两者相映成趣最是得宜。如在远香堂中或荷风四面亭中，看荷花摇曳，清风习习，联系景点文意，各抒己见地或褒或贬，任情赏玩堪称一乐！

记得周瘦鹃、汪星伯等，曾于清晨荷花初露水面时，将分包好的茶叶，放入花中，上午从花中取出冲泡，荷花的清香窨入茶中，就在远香堂中品香茗，谈修复名园，此情此景令人神往！

袁宏道、陈　子又开创了给花木封官赏职的玩赏方式。凡认为入目可观的或在群众中流传深广的花木，便封以较高的官位，反之则低。这种封官许爵同样不必完全求同，更无任何限制，极为自由，反映了各自之所爱。如封兰、蜡梅为一品九命；山茶、瑞香、含笑、茉莉为二品八命；被誉为花中君子的荷花，仅封了个三品七命；众所称颂的菊花，也只封给四品六命，是个中等官衔。其他花木大多未能列入封赏之位，即使被封也多在六品之下，显示了对封衔之审慎不轻易随便。从所封官衔的高低中，表达了人们对其赏识喜爱的程度。这是个易被群众理解的欣赏方法，也可算是雅俗共赏的一种形式。值得注意的是未将牡丹定衔封官是否因一些著名诗人已将它封为"花王"，故而避开不再提及？

以上谈及的种种欣赏方式，虽各具特色但总的感觉是文化气太浓，文人审美未能普及群众。而直觉地从色彩、芳香、形姿等直观性的欣赏，虽无曲高和寡之嫌，但又总缺少些雅韵。

有人曾将某些缺乏客观衡量指标，难以定量化，致使评价、衡量很难深入的事物，作了这样一些精辟的比喻和论述：大米和面粉谁更耐饥？森林和草原哪一个更壮丽？饥饿和口渴哪个更难忍？其实这些都是唯一的，都是不可替代的，更没有客观的衡量标准，对它们的取舍，只能取决于需要和主观偏好，取决于习惯和情绪状态。我想这也就是当今人们对花木景观评赏的主流态度，见仁见智各抒所见也就成为最基本的欣赏法则！

若从生态而论，则植物是唯一的，无可论比的！

四、植物景境的演变

植物景境是有生命的，植物存在着盛衰荣枯的生命节律，其中木本大树的生命节律较慢，寿命极长，灌木草本就较短命。客观条件诸如自然灾害、人为干扰对植物景境的影响更大，其中园主易人、战乱动荡、社会经济变化等影响更为严重。因此受植物自身和客观条件双方面的影响，植物景境的变化是不可避免的。园史愈长，这种影响愈难避免，从园景和管理的角度看，凡成功的景点希望变化小而少些，有了变化也希望能按原来的要求恢复。讨论植物景境的演变就是为了了解、保护、调整原有的、成功的或受影响后尚未恢复的景点。

从实例看，大多数古园很难见到足以反映其悠久园史的老树。除无锡寄畅园、常熟昭明太子读书台，因位于山坡故尚有几株老树外，许多平地、市内园林，因客观干扰太大，近年发展旅游业后，游人如织，影响更大，所以老树或折或枯，数量日趋减少。

始建于宋代的沧浪亭，是在"前竹后水，水之阳又竹，无穷极。澄川翠干，光影会合于轩户之间"（苏舜卿《沧浪亭记》）的基础上建园的，基地上是"左右皆林木相亏蔽"的极好条件，植物景境清新自然。山上更有古木连理之奇观，庆历至元年间（公元1041~1085年）犹存（冯桂芬《苏州府志》），但旋即枯萎。"前竹后水"之竹叶本是一园之胜，但忽被群众当作仙方，在民国15年（1926年）被采摘殆尽，竹叶既罄，继以白皮松树皮，山上白皮松从此枯萎无存（《沧浪亭新志》）。拙政园（即目前之中部）原有植物景点22处之多（文征明《王氏拙政园记》），现将东（原王心一之归田园居）、西（原钱牧斋之曲房）部合计，也仅有21处。该园造园初期是除"中亘积水，浚治成池，弥漫处望若湖泊外"（文征明《王氏拙政园记》），基地上也是植物景境丰富，"花圃、竹林、果园、桃林相间，建筑物则稀疏错落"（《长洲县志》）；原有山茶数株连理，成为名闻一时之佳景，吴中文人吴梅村等争相作诗唱和，但现均不存。即使现存之21处植物景点，也大多更新或名实难符，如得真亭旁仅有4株生长衰弱之柏树，听松风处一株黑松生长极差，听雨轩之芭蕉反被臭椿所压抑……。狮子林有老柏树称"腾蛟"（欧阳玄《狮子林菩提正宗寺记》），现已更新；清代范广宪《游狮子林记》中说："五松岁久枯朽"，证实了这一事实。可园有藤本附柳之景观（《吴中唱和集》），现则藤、柳全无。再就园史较短的怡园而言，变化也很大，据俞樾《怡园记》称："舫斋之左有苍松数十株，因署额'碧涧之曲，古松之荫'，并称其阁曰'松籁'。"但至今这些景观均已随松树之枯朽而丧失，虽有苦楝成荫，但韵味全消。苦楝与臭椿均系抗日战争时期，失于管理由鸟粪传布之"野生"树，待后修复开放后又觉树已成长，伐之可惜因循至今。

除此之外尚有一些不尽如人意处的配置，可是至今尚无人非议过。例如拙政园主厅远香堂南有五株广玉兰，该树属大乔木，日后将会使远香堂受压抑姑且不说，单从广玉兰的历史看，就与拙政园明代园林的园史甚不相配。广玉兰原系美洲树种，分布于密西西比河流域（陈植《观赏树木学》），现能见到的大树苏州有三株，最大的在残粒园大厅后，胸径约1米许。据园主吴氏称：该树与此宅系其先祖购置，当时树极小。广玉兰约于清代同治光绪年间引入我国。这样一个外来树种栽植于明代园林的主厅前，总觉不尽如人意。再有，艺圃是明代园，原来是极富自然意趣的，是"枣结离离实，幽栖绝如野人家"（清·汪琬）的清雅环境；长期沦为民居后，树木大多枯萎，现修复后建筑物基本上均按"修旧如旧"的原则，整修良好，而树木却大多幼小，且花木过多。正如清代邵长蘅在《雨后沧浪亭怀古》中的一句话："台榭阅古今，苏梅骨已槁。"确实，经济发达后物质技术条件优良，修复一座古园并不困难，所以一些台榭一经修葺，就可"阅古今"地长盛不衰，特别是近年来园林与绿化局均在组织力量测绘古园，以便一旦遭到意外破坏，可以据图修复。而树木则就难及时恢复，说明植物景境的保存是极为困难和复杂的。尤其对古老树木的保护已是刻不容缓。

需要一提的是：位于古城中心的怡园，当1994年旧城改造时，四周被道路包围，园北又建了许多餐饮店，店内油气直冲园墙之上，使攀缘墙上的凌霄古藤悉数枯萎，于是"围墙隐约于萝间"的景观便不复存在。因此，在城市化进程中如何减轻这类损失，已成当务之急。

植物景境中的花木种类，总的原则是要适应当地气候、土壤、环境，尤其是乔木应与当地植被条件相符，即通常说的要选用乡土树种。但也有一定的演变过程，前面提到远香堂南配置外来树种广玉兰，与拙政园的园史不协调，但因广玉兰的适应性强、冠幅大，夏初又有花朵可赏，丰富了时令景观，尤其是苏南一带较少常绿阔叶树，所以广玉兰在近30年中发展极快，被普遍应用于绿化、造园。

唐代时柳树是苏南普遍应用的树种，白居易在任苏州刺史时曾写过一篇《苏州柳》，描述柳树之多，诗是这样的："金谷园中黄袅娜，曲江亭畔碧婆娑。老来处处游行遍，不似苏州柳最多。絮朴白头条拂面，使君无计奈春何。"当时苏州柳树之多是可以想见的，但时隔千年苏州已很少见到柳树了，无论垂柳、旱柳均不多见，可能就是为了"絮朴白头"不受人喜欢。确实春季的柳絮是有几分讨厌的，人们不喜欢当然就将逐步减少甚至淘汰。

其次是松树。林业上把马尾松作为荒山瘠地的先锋树种，黑松又是较为耐海风等适应性强的树种，可是在园林中几乎无一株马尾松，黑松也不多。最老的黑松在拙政园听松风处，生长也不良。白皮松则较多，且也有老树（结草庵中有一株）。这原因还是土质问题，即土壤中石灰太多，影响喜酸微生物生长，使马尾松等具有菌根的树种就难以正常生长，另外地下水位较高，不利根系下伸。这在建设新园时必须注意。雪松是20世纪20年代初自喜马拉雅山南麓引进的外来树种，从90年左右的引种现状看，适应性强于马尾松；近30年推广的火炬松、湿地松适应性也强，但冠形过大，规则的金字塔形和耸直形，都缺乏国画的画意。所以，古典园林中还是不宜选用。

牡丹在唐代是盛极一时的名花，并以长安为中心。所谓"长安三月十五日，两街看牡丹"（宋·钱易《南部新书·丁》），"长安贵游尚牡丹"（《国史补》）。后被武则天贬出长安，到洛阳"安家"后，宋代洛阳便成为牡丹的名产区，欧阳修说："出洛阳者为天下第一"（《洛阳牡丹记》）。而海棠则是宋代的花，宋代文人每喜以海棠为题材，或诗，或文，如沈立《海棠记序》、陈思《谱海棠序》、陆游《海棠歌》等不一而足。士人赏识，造园也就不可缺少。这两种花在苏州各园林中同样历久不衰地受到重视。

田园诗人范成大隐居石湖以来，先后引进许多花木，在石湖曾广植梅花，并写成了著名的梅花专著——《梅谱》，其后经元代查莘的努力，把梅花扩种到了离石湖20余里的光福，又经清初巡抚宋荦题"香雪海"三字于山壁后，光福"香雪海"遂成为著名的赏梅胜地。在此影响下，梅成为苏州的花，也是园林中主要的花木和重要景观。

随着交通的发展，科技的进步，植物的引种、交流也在增加，外来品种丰富了园林中植物种类和景观。

需要讨论的是古典园林中，怎样对待外来植物的问题。上面对雪松、湿地松等外来树种持否定态度后，似乎古典园林中只能使用一些传统树种。这样认识就太片面了，植物景境就将缺乏生气而停滞不前。其实，上文早就说明，雪松等不宜在古园，最根本的原因是其体量太大、冠形太规则不合国画画意。事实是从汉代上林苑开始就广搜各地名木奇卉，唐代李德裕的《平泉山居草木记》也曾说过："凡花木以海为名者悉从海外来，如海棠之类是也。"（《广群芳谱·卷三十五》）但当时的"海外"不同于现在的认识，可能是指两广地区，因当时称两广为岭南道，或称岭海。由此可见，早在唐代对外地引入的花木也是抱着适我者用的态度的，以唐代的保守对外来种都不排斥，可见引种驯化工作是在无意识下开始的。重要的是花木的形、姿要适宜，至于文化内涵则应随时代的发展而增加新的内容。例如树木的绿化、生态功能，古代是未意识到的，今日就应赋以新的内容，成为新的文化属性。例如：红豆杉（Taxus chinensis），南方红豆杉（T.mairei)终年常绿，光合作用能力较强，在室内微弱光线下也能进行光合作用，被誉为"生态卫士"，如若对其引入园林，应是良好的植物材料。若作诗赋词则也将成为新的文化内涵。

总之，古典园林植物的取舍标准是：形姿为首，内涵为辅；地方树种为基础，外引树种作调剂。

第三章　植物材料的文化内涵

　　原始先民"构木为巢"，树木给人以安全、舒适；"钻燧取火"，火所以化腥臊，给人以卫生、美味。朱熹、郑玄对此曾加注释道："燧，取火之木也。取火，春取榆、柳之火，夏取枣、杏之火，季夏取桑、柘之火，秋取柞、楢①之火，冬取槐、檀之火。"

　　火是人类文明的动力，而树木则是民族前进的能源，人需要树木，但山林古木，云烟风雨人不识其奥，正如《礼记·祭法》中所写："山林川谷丘陵，能出云，为风雨，见怪物，皆曰神。"树木又给人神秘之感，历史上曾有神木、怪木等出现在华夏大地，因此，古人把树木与水、火、金、土并列而称为"五行"（《尚书·洪范》），荀子等又把"五行"与仁、义、礼、智、信相对应，称为"五常"。把自然之物渗入了伦理道德的文化内涵，也就成为"比德"的内容之一。董仲舒又讲解了"五行"之间的互为依存的关系，如在《五行顺逆》篇中说："木者春，生之性，农之本也"，"恩及草木，则树木华美"；《五行相胜》篇中又说："木者农也，农者民也。"古人把树木看作是农、是民，其重视树木是可见一斑了。《孟子·梁惠王》中"五亩之宅，树之以桑，五十者可以衣帛矣"，则点出了树木的直接经济用途，更具体表明了重视树木的思想。纵观《诗经》305篇，提到的植物种类竟有120余种，充分显示了古人对植物的感情。

　　基于这种感情，所以古人把树木看作是民族、江山的象征。《论语·八佾》中写道："哀公问社于宰我，宰我对曰：夏后氏以松，殷人以柏。周人以栗。"松、柏、栗遂成夏后氏、殷、周的社稷之木②，为该三氏族之精神所系。这说明了古人对树木的崇敬，同时更是后世把树木性格化，把树木的某些特性作为"比德"对象的文化渊源。无独有偶，西方古代认为"树木的根深达地狱，树冠上升天堂，树木是进入天堂的媒介"（《冰洲远古文选》）。这真是东西互通所见略同了。

　　于是，赏颂植物便成为典出有据，风雅倍加的韵事。许多人更结合自身的感受、文化素养、伦理观念等，各抒己见地赋诗感怀，极大地丰富了赏颂植物的文化色彩。以明代王象晋《群芳谱》、清代汪灏《广群芳谱》所录之赏颂诗词，已难以计量。这里拟分下述三类，稍加解释以便了解古代士人的思想感情及造园取材之所依。

---

①楢为柔木，即材质疏松之木。

②据朱熹的解释：所谓"问社"，是指"古者立社，各树其所宜木以为主也"。　社即是指社稷，也即是指土神、谷神，意即土地、粮食之代名词。流传至今，便把社稷泛指民族、国家。古代许多部落、氏族，都有栽树立社的做法，所栽之树便是"社木"。而"社木"便成为该氏族的崇拜对象（《论语集注》）。今在云南大理一带仍见村社之前有古榕等社木。

一、"比德"赏颂型

植物材料被用于"比德",且广泛被园林采用者首推松柏。孔子说:"岁寒,然后知松柏之后凋也。"(《论语·子罕》)《荀子》中又有"松柏经隆冬而不凋,蒙霜雪而不变,可谓得其贞"也;"岁不寒无以知松柏,事不难无以知君子"。这里很清楚是把松、柏的耐寒特性,"比德"于君子的坚强性格。所以,欧阳修说:"凛凛节奇霜竿柏。"宋代谢惠连《松赞》中有:"松惟灵木,拟心云端。迹绝玉除,形寄青峦。子欲我知,求之岁寒。"《史记·龟策传》写道:"松柏为百木长。"这可称是对松柏褒奖的总结和概括了。

1. 荷

与松精神近似的是水中荷花。荷虽属草本,但古人对荷却是钟爱倍加,孟浩然赞荷花是:"看取莲花净,方知不染心。"周敦颐《爱莲说》更把荷花"比德"于君子,写道:"予独爱莲之出淤泥而不染,濯清涟而不妖……香远益清,亭亭净植……莲,花中之君子者也。"他认为荷花出淤泥而不染的特性,正是君子洁身自好品格的写照,是人们品格磨炼的极好榜样,也就是"敷文化以柔运"的潜移默化的功用。造园植莲,原是显示园主的精神境界。

2. 竹

竹是古人情有独钟的一种植物。早在晋代,戴凯之便写出了世界上关于竹的最早专著——《竹谱》。继而白居易又写了《养竹记》,他说:"竹似贤何哉?竹本固,固以树德";"竹性直,直以立身""竹心空,空以体道";"竹节贞,贞以立志";"夫如是故君子人等多树之庭实焉";"竹之于草木,犹贤之于众庶"。白居易着实把竹的特性作了高度的评价。

经隆冬而不凋,蒙霜雪而不变

出淤泥而不染,濯清涟而不妖

城市竹林

正是"君子比德于竹焉"（刘岩夫《植竹记》）。刘岩夫又说："不受霜雪，刚也；虚心而直，无所隐蔽，忠也；不孤根以挺耸，必相依以林秀，义也；虽春阳气王，终不与众木斗荣，谦也；四时一贯，荣衰不殊，常也；垂箨实以迟凤，乐贤也；岁擢笋以成竿，进德也。"他褒赞了竹的种种优点，足以与君子"比德"也！不仅如此，竹还是孝的象征。"孟宗至孝，母好食笋，宗入林中哀号，方冬为之出，因以供养，时人皆以为孝感所致。"（《楚国先贤传》）毛竹又称孟宗竹，即由此名。晋·丁固泣竹生笋以奉母（《笋谱》），也是千古美谈，老少皆知的佳话。有此数端，无怪王子猷（徽之）"暂寄人空宅住，便令种竹。或问，暂住何烦尔？王啸咏良久直指竹曰'何可一日无此君？'"（《世说新语·雅量》）苏轼也有"不可居无竹"之说，无怪阮籍、嵇康等"七贤"在竹林中才能肆意酣畅，竹给贤者以灵气。

3.樟

从《高士传》记述尧与许由的一则故事中可知：樟与贤者是并列的，故事说，"尧聘许由为九州长，由恶闻，洗耳于河。巢父见谓之曰：豫章之木③生于高山，工虽巧而不能得，子避世何不深藏？"巢父认为像许由这样的贤者，应像樟树那样生活于高山，避世深藏，使人不能得。这里显然把樟与贤者互比了。再看《南史·王俭传》则更清楚地表述了樟与贤者、与人才相比拟的观点，其中写道："俭幼笃学，手不释卷，丹阳尹袁粲闻其名，及见之曰：'宰相之门也，栝、柏、豫章，虽小已有栋梁气，终当任人家国事'。"可见樟与栝（圆柏）、柏（侧柏）都是理想的"比德"树木。在"以德化民"的儒文化圈中，园中选用富有文化内涵的植物作为造景的材料，是文化需要，也是"化民"的需要，值得颂扬、倡导。

虽小已有栋梁气之樟树

---

③据李时珍《本草纲目》："江东船舸，多用樟木；县名豫章，因木得名。"郦道元《水经注》："豫章以树氏群。"由这两条可知，豫章之木该是樟树无疑。

刺槐

楸

榆

杏

4.槐、楸

槐与楸是黄河流域的乡土树种，在我国的文化传统中都有其相应的记载。《朱子语类》中有"国朝殿庭，唯植槐楸"，《全唐诗话》中有"槐花开，举子忙"等等。所以，槐与楸都是高贵、文化的象征。

5.榆

榆是火之源（《邹子》），也就是文明的源泉，榆又是生命的保障，须臾不能离开的。《唐书·阳城传》中："阳城隐中条山，尝绝粮，岁饥屏迹不过邻里，屑榆为粥，讲论不辍。"《天文志》中："平帝元始元年（公元1年），河北旱，伤麦，民食榆皮。"早在汉高祖时，便祷丰于枌（白榆）榆之社（《汉书·郊祀志》），枌榆成了汉的社木。明代吴宽曾作诗赞榆道："始我种三榆……生钱闻可食，贫者当瓜果……"

6.杏

杏是古人倍加珍重的，《庄子·渔父》中："孔子游缁帷之林，休坐于杏坛之上，弟子读书，孔子弦歌鼓琴。"杏成了讲学圣地的同义词，罗愿《尔雅翼》中说"五果之义，春之果莫先于梅，夏之果莫先于杏……寝庙必有荐，而此五果适于其时，故特取之。"杏成了夏祠之圣果。自《太平广记》记述"董奉杏成林"[④]的故事后，杏又成了活命之恩。

---

④三国吴候董奉者，居庐山，日为人治病，不计酬。重病得愈者，使栽杏五株，轻者一株，如此多年，有杏万株，成林。杏熟后，担杏换担谷，所换之谷又用于为人治病，为人称颂。杏林遂成医德之代词，"春满杏林"、"誉满杏林"等成为良医褒语。园林中配置杏树，对私人园林来说，正表达了惠及众人之意。

7.柳

　　春秋鲁国有展禽者，身行惠德，人称"圣之和者"，家有柳树故号柳下惠。柳于是与惠德并称了！柳又极富感情，据《三辅黄图·六桥》中："霸桥在长安东，跨水作桥，汉人送客至此桥，折柳赠别。"后世因以"折柳"为送别之词。唐代雍陶有《折柳桥》诗道："从来只有情难尽，何事名为情尽桥？自此改名为折柳，任他离恨一条条。"乐府诗题有《折杨柳》，多怀念在边疆征战之亲人。所以说柳是富有情感的，柳又是春的象征，《南朝梁元帝（肖绎）咏阳云楼檐柳》诗："杨柳非花树，依楼自觉春。"陆放翁的七绝对此更作了清楚的描绘："村路初晴雪作泥，经旬不到小桥西。出来顿觉春来早，柳染轻黄已蘸溪。"好一派村间早春景象！

8.梧桐

　　梧桐是被古人看作祥瑞物的。《庄子·秋水》篇中一段便是明证"南方有鸟，其名鹓鶵，子知之乎？夫鹓鶵发于南海，而飞于北海，非梧桐不止……"以鹓鶵之稀贵，而鹓鶵能停留在梧桐上，梧桐也就成了祥瑞之物。后人认为"桐能召凤"，典由此出。晋代郭璞《梧桐赞》说得明白："桐实嘉木，凤凰所栖，爰伐琴瑟，八音克谐，歌以永言，嚯嚯喈喈。"

　　梧桐是十分古老的树种。据清代顾震涛《吴门表隐》中："吴王夫差于甫里塘（今苏州　直附近）营梧桐园，广植梧桐。"南朝梁任　的《述异记》、南宋范成大的《吴郡志》、均记述了此事。

垂柳

梧桐能召凤

9.女贞

女贞是富于性格的树。晋·苏颜《女贞颂》写道："负霜葱翠，振柯凌风，故清士钦其质，而贞女慕其名。"这"贞女慕其名"，典出汉·蔡邕《琴操》中："鲁有处女，见女贞木而作歌"，叙述了鲁国有一家之次女，倚在树上低吟长啸，邻人问道：想嫁人了么？！为何长吁短叹？这一问激起了她的沉重和气愤，明明是爱国忧民之叹，却被人误作相思之心，感到是奇耻大辱，羞恨之余，便操琴而歌曰："菁菁茂木，隐独荣兮；变化乘枝，合蕤英兮；修身养志，见令名兮；厥道不同，善恶并兮；屈躬就浊，世疑清兮；怀忠见疑，何贪生兮！"这便是著名的《贞女引》。这贞女慕其名，是贞女和女贞性格上的相通。明·张羽《杂言》写得好："青青女贞树，霜霰不改柯。"是赞其形，也是颂其志。

观配置

女贞

10.兰

兰

兰是善，兰是君子。孔子曰："与善人处，如入芝兰之室，久而不闻其香。则与之俱化。芝兰生于深谷，不以无人而不芳，君子修道立德，不为穷困而改节。"（《孔子家语·六本》）兰虽属草本，在文化的护持下其覆盖效果之大，却是许多植物无法与之比拟的。

上面虽仅列述了松、柏等典型性的"比德"植物，但在"以儒化民"的文化氛围中，文人们会根据各自的素养、水平，对植物作不同的欣赏，但总的都是在寻找植物的某些内在特性，赋予文化的内涵，构成赏景、赏花与文化相关联的特有的传统审美方式。

二、吟诵雅趣型

造园时，如果从古典审美意识出发，引经据典地把植物景境单一性地都建成"比德"型景观，那就未免过于单调肃穆，缺乏情趣。所以，园主常根据自身的爱好，选取适于观赏、吟诵的植物，配置于园中适宜的位置，依照植物时序季相的变化，可以四时八节地邀约知友，欣赏唱和，雅趣映情，与园景相辉映，最是使人陶醉。现根据季节，选取一些较具代表性的花木，择要介绍古人的欣赏情怀。

1.梅

梅是古来传诵的名花。宋·杨万里在《和梅诗序》中写道："梅肇于炎帝之经，著于说命之书、召南之诗"，这是赞的梅果。"然花如桃李，颜如舜华，不尚华哉，而独遗梅之华何也？至楚之骚人，饮食芳菲，佩芳香而食葹藻，尽掇天下之香草嘉木，以苾芬其四体，而金玉其言语文章，远取江蓠杜若而近拾梅……"于

韵胜格高

是，古有南朝梁·何逊的对梅彷徨终日，被称作"梅痴"⑤；铁脚辟寒道人赤脚走雪中，兴发则朗诵《南华秋水篇》，嚼梅花满口，和雪咽之曰：我欲寒香沁我肺腑（《晚香堂清语》），是谓"梅癖"。又据《宋史·隐逸传》："林逋结庐西湖孤山，不娶无子，植梅畜鹤，因谓妻梅子鹤。"梅遂成了清高之物，《埤雅》称梅是"清艳两绝"。范成大在《梅谱后序》中称梅是"韵胜"、"格高"，都是对梅作了确切的定性。纵览古今之咏梅诗篇，何止万千，诗词都以褒为主，绝少贬语，这和名士颂扬有关。其中赞梅的冲寒斗雪，不畏冰霜的精神，首推元·杨维桢的"万花敢向雪中出，一树独先天下春"；梁·简文帝有"绝讶梅花晚，争来雪里窥"之句；毛泽东"俏也不争春，只把春来报"，似为梅的精神赞扬的小结。而林逋的七律："众芳摇落独暄妍，占尽风情向小园。疏影横斜水清浅，暗香浮动月黄昏……"则可谓"梅以韵胜"的千古名句。在这主题下，集简文帝、李白、张伯谆、黄庚等句联成五绝："风吹梅蕊香，林香雨落梅。冬深梅不寒，梅瘦似诗人。"

---

⑤据《杜甫诗注》：南朝梁诗人何逊，曾任扬州法曹，官舍前有梅树一株，经常吟咏其下。后居洛阳，思梅，请再往，从之。抵扬，花方盛开，对花彷徨终日。人称梅痴。

梅被誉为岁寒三友之一。园中植梅、赏梅吟诗雅集，直到20世纪30年代此风犹盛。苏州可园，有铁骨红梅名品。花时，国学大师章太炎夫人汤国梨先生，可园主人前苏州图书馆馆长蒋吟秋先生，作家程瞻庐先生等在园中赏梅吟诗，程先生的一首七绝，把可园的梅景描绘得最是动人。诗道："为乞词人诗一首，古梅红尚晕焉支。可园春色深如许，开罢南枝又北枝⑥。"汤、蒋相与唱和，一时传为佳话。赏梅最为突出是宋·张　，他提了六条荣宠之道："为烟尘不染，为铃索护持，为除地径净落瓣不溜，为王公旦夕留盼；为诗人阁笔评量；为妙妓淡妆雅歌。"按张　的标准，赏梅就格外超尘了。

紫玉兰

2. 木兰

木兰是唐朝最受珍爱的花，明代诗人对其也极为钟爱。木兰与苏州又有不解之缘，据《岚斋录》："张抟为苏州刺史，植木兰于堂前，盛时宴客，命即席赋之，陆龟蒙后至，张连浮酌之，径醉。强索笔题两句云：洞庭波浪渺无津，日日征帆送远人。于是颓然醉倒，客欲续之，皆莫详其意。既而龟蒙稍醒，续曰：几度木兰船上望，不知原是此花身。"一时成为绝唱。另一位曾任苏州刺史的唐代白居易，也曾有诗赞紫玉兰道，其一："紫房日照胭脂折，素艳风吹腻粉开。悟得独饶脂粉态，木兰曾作女郎来。"其二："紫粉笔含尖火焰，红胭脂染小莲花。芳清香思知多少？恼得山僧悔出家。"唐·皮日休作诗道："腊前千朵亚芳丛，细腻偏胜素柰功。"陆龟蒙奉和道："柳疏梅堕少春丛，天谴花神别致功。"王维更作辛夷（紫玉兰）坞于辋川别业。

值得说明的是，张抟诗中的"木兰船"，是从南朝梁·任　《述异记》所记"浔阳江七里洲中有鲁班刻木兰舟"一事，而这木兰树却又是苏州祖先吴王阖闾所植，即《述异记》中所记："吴王阖闾尝植木兰于浔阳江畔，用构宫殿。"木兰树、种树人、赏花人似与苏州都有丝丝情意，无怪苏州园林都喜植木兰，作为景点。

---

⑥焉支即胭脂（《汉书》）。诗中焉支是指"铁骨红梅"的别名"胭脂红"，约清乾嘉年间所植，颇具盛名，有"一枝奇盖江南"之誉。"开罢南枝又北枝"句，典出《白帖》："大庾岭上梅，南枝已落北枝开。"此次咏梅雅集中，尚举办了盆梅、梅花名画、梅花书谱等有关梅的展览。梅画珍品有陈继儒、金农、罗聘、吴大澂、顾麟士、吴昌硕等名家之名作。

3.桃

在牡丹面前只能敛迹的桃花（唐·舒元舆《牡丹赋并序》），其实是理想世界的花，这在晋代陶潜的《桃花源诗》及《桃花源记》中都可窥其梗概，后世把理想境界称作世外桃源，都与陶潜的文章有关。桃是古老的植物，早在《诗·周南》便有："桃之夭夭，灼灼其华"。梁·简文帝："……叶底发轻香，飞花入露井，交干拂华堂，若映窗前柳，端疑红粉妆。"可见，桃是姿色并茂的。

任　作诗赞桃："……开红春灼灼，结实夏离离。"春夏咸宜，花果并茂。从简文帝的诗中可知，桃、柳相间的配植形式，早在南朝已开始了。皮日休所写桃花《赋与序》褒奖桃花是"艳外之艳，华中之华，众木不得，融为桃花"，又说："我欲修花品，以此花为第一。"诗人欣赏，宜乎受人爱戴。

桃不仅是理想世界的花，桃又和人们的爱情生活相关联着。唐代书生崔护的《题城南诗》便是一例："去年今日此门中，人面桃花相映红。人面不知何处去，桃花依旧笑春风。"作者进士不第，独行寻春，酒渴求饮，扣门遇艳。重寻不遇，桃艳如昔，逐题诗左扉。这便是《本事诗》所录的著名诗篇。崔护在无限惆怅中写下了这首带有戏剧色彩的抒情诗，把感情寄托在桃花上，美丽的往事抒发在诗情中。于是桃花便与爱情思恋捆缚在一起。在封建盛世的唐代，一个书生竟把相思之情刻意描绘，连同桃花也就被人贬低三分

碧桃

了！所以，唐代杨思本《桃花赋》便写："才人陌上，少女闺中，将花怨绿，揽镜啼红。"《三柳轩杂识》、《西溪丛话》等更将桃花贬之曰："桃价不堪与牡丹作奴"，"人且以市娼辱之"。这是多么可怕，桃简直是成了轻薄与低贱的象征。近代凡涉及爱情思恋的报道，称之为"桃色新闻"，是否与此诗有关呢？自古以来，人们对桃花有褒奖也有贬低，褒贬不一。而我总认为越是褒贬多，正说明了对桃的关注深。

另外，桃尚与避邪、逃凶等传统风俗有许多联系。如《典术》："桃之精生于鬼门，以制百鬼，故今作桃梗人悬门以压邪。"《庄子》："插桃枝于户，连灰其下，童子入而不畏，而鬼畏之。"《风俗通》："上古时有神荼、

桃红柳绿

郁垒兄弟，性能执鬼，度索山上桃树下，阅简，百鬼妄祸害……除夕饰桃人，画虎于门，以卫凶也。"由此，后世便以红纸画桃符张贴门上，趋吉避凶，流传至今。是精华？是糟粕？这将随科学文化的发展而作出评价，但无论如何，在传统文化的宝库中，总难抹去它的痕迹。

桃还有多种神效为古人所钟。《神仙传》载："高丘公服桃胶而得仙"；《抱朴子》："桃胶用桑木灰渍过，服之愈百病，久服体有光"；《神农本草经》中："服桃花三树尽，则面如桃花"；《太清方》："桃李花服之可却老"等等。这些都反映了一定的科学文化水平，产生一定的观念形态。但是人的种种美好愿望，莫不与桃花相维系，不能不说人对桃是情有独钟了。桃胶具有阿拉伯树胶相似的功能，可作为调剂美术颜料的代用品，已经由上海市农业科学院园艺研究所与上海美术颜料厂试验证实。

4.山茶

在众多的咏山茶诗中，概可分为两大类型：一是欣赏它的冒寒而花，繁荣了寂寞的冬季；另一是赞誉它具有牡丹的鲜艳、梅花的风骨。山茶多品种共栽，花期可延续二三月之久。因此，许多诗人对这两特点，大加赞赏。宋·梅圣俞的五古《山茶树子赠李廷老》中前四句道："南国有嘉树，华若赤玉杯。曾无冬春改，常冒霰雪开。"陆放翁的二首七绝，写得非常真切。其一，"东园三日雨兼风，桃李飘零扫地空。惟有山茶偏耐久，绿丛又放数枝红。"其二，"雪里开花到春晚，世间耐久孰如君。凭栏叹息无人会，三十年前宴海云。"宋·王十朋诗道："道人赠我岁寒种，不是寻常儿女花。"曾季狸的诗是："惟有山茶殊耐久，独能深月占春风。"曾巩则说："寒梅数绽小颜色，霰雪满眼常相迷。岂如此花开此日，绛艳独出凌朝曦。为怜劲意似松柏，欲攀更惜长依依。"明·沈周说："雪后无颜色，凌寒见此花。"可见山茶是初春的花，春寒料峭中足以与雪斗寒。劲意似松柏，丰富了冬春的园景！

5.杜鹃

杜鹃是山中的花，《本草》称其为"山石榴"，白居易《题山石榴花》："一丛千朵压栏杆，剪碎红绡却作团。风袅舞腰香不尽，露消妆脸泪新干。蔷薇带刺攀应懒，菡萏生泥玩亦难。争及此花檐户下，任人采弄尽人看。"白居易要争取将此花种在檐户下，应是最早将杜鹃引种到园中来的记述。不仅如此，还对杜鹃在园中的配植位置也作了描写，这在《山石榴花》诗中可以知悉："烨烨复煌煌，花中无比方。艳夭宜小院，条短称低廊。本是山头物，今为砌下芳。照灼连朱槛，玲珑映粉墙。风来添意态，日出助晶光。渐绽燕支萼，犹含琴轸房……"这半首五言排律既描写了杜鹃的风姿意态，也是表述配置造景的最早诗篇，这对园林中植物造景是十分有价值的。惜乎许多有历史的古城、古园，园中土壤因长期受房屋翻建等变迁影响，积聚覆盖了深厚的建筑垃圾，成

浓丽山茶

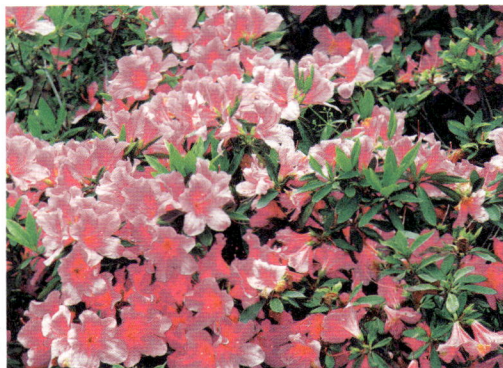
艳夭宜小院之杜鹃

为次生性残渣土，含有多量的石灰，对嫌钙的杜鹃极不相宜，难成"称低廊"、"砌下芳"的景观。苏州各园缺乏杜鹃就是这个原因，只能盆栽后"艳夭小院"，辉映粉墙。

6.迎春

自"一树独先天下春"的梅花，变成"漠漠残香静里闻"后，只有"带雪冲寒折嫩黄，迎得春来非自足"的迎春花，迎来了"百花千卉共芬芳"（宋·韩琦）的春景。白居易的七绝《代迎春花招刘郎中》更点出了迎春的配置原则与季相景观："幸与松筠相近栽，不随桃李一时开。杏园岂敢妨君去，未有花时且看来。"宋·赵师侠的《清平乐》写出了迎春的姿色和景观："纤　娇小，也解争春早，占得中央颜色好。装点枝枝新巧。东皇初到江城，殷勤先去迎春，乞与黄金腰带，压持红紫纷纷。"

7.海棠

唐代贾耽称之为"花中神仙"，所以名儒巨贤的清辞丽句极多。宋代陈思《海棠谱序》中有："梅花占于春前，牡丹殿于春后，骚人墨客特注意焉！独海棠一种，丰姿艳质，固不在二花下。"陈思把海棠与"韵胜"、"格高"的梅花以及号称花王的牡丹相提并论，足证对其看重之甚！

陆游也是十分喜爱海棠的，他作《海棠歌》道："碧鸡海棠天下绝，枝枝似染猩猩血。蜀姬艳妆肯让人，花前顿觉无颜色。扁舟东下八千里，桃李真成奴仆尔？若使海棠根可移，扬州芍药应羞死……"他又写诗道："晓来强自试新妆，倦整金莲看海棠，不是幽人多懊恨，可怜辜负好春光。为爱名花抵死狂，只愁风日损红芳。露章夜奏通明殿，乞借

迎得春来非自足

西府海棠

海棠

红叶李

春阴护海棠。"诗中这位幽人真是爱花若狂，为了多看几天海棠花，竟要到阴曹地府去乞借春光，使在春的护持下，延长海棠花期。这副痴情是诗人自身灵感的流露，没有深切的爱，何来这般的情！范成大也同样希望"迟日温风护海棠，十分颜色醉春妆"。

可惜海棠欠香，不然真要艳冠群芳了，但却由此引出了一段趣事。彭渊材曾说：平生所恨者五事。人问其故，渊材不言，久之曰："我论不入时听，恐汝曹轻易之。"问者力请乃答曰："第一恨鲥鱼多骨，二恨金橘太酸，三恨莼菜性冷，四恨海棠无香……闻者大笑。"（《冷斋夜话》）士人爱戴，真是无香胜有香也！

8.李花

《承平旧纂》载："李有九标，谓香、雅、细、淡、洁、密、宜月夜、宜绿鬓、宜白酒。"，几乎囊括了诸多雅韵。张九龄说："成溪谢李径。"韩愈在《李花赠张十一署》的古风诗中，着力描摹了李花的皎洁繁茂。其前半首为："江陵城西二月尾，花不见桃惟见李。风揉雨练雪羞比，波涛翻空杳无　。君知此处花何似？白花倒烛天夜明，群鸡惊鸣官吏起。金乌海底初飞来，朱辉散射青霞开。迷魂乱眼看不得，照耀万树繁如堆。"

诗中"花不见桃惟见李"其实不是没有桃花，而是在黑夜中的红桃反光微弱，看不清楚，惟见李花素白，反光强烈，在黑夜中李花洁白如雪，在红桃的反衬下更显繁茂。杨万里在他的《读退之李花诗及小序》中，解释道："晚登碧落堂，望隔江桃李，桃皆暗而李独明，乃悟其妙，盖炫昼缟夜云。"

杨万里说："李花宜远更宜繁，惟远惟繁更足香。"《灌国史》载："李花如女道士，烟露泉石间独可无一耳！"李花的清雅幽素一至于此，这是古人与之性格的相通。上述两句同时也写明了李花的景色，点明了配置原则。杨万里的诗是诗中有景，聚景可以成园！《资治通鉴·唐则天皇后久视之年》载："狄仁杰尝荐姚之崇等数十人，率为名臣"，或谓仁杰曰"天下桃李悉在公门矣"。于是桃李满天下便成为学生众多之代词了。

9.牡丹

唐开元中，玄宗与杨贵妃在沉香亭前共赏牡丹，梨园弟子李龟年手持檀板，将欲唱歌，玄宗不喜旧乐，便说："对妃子赏名花，焉用旧乐辞？"随即命李龟年手捧金花笺，宣赐翰林学士李白，进清平调辞三章，李承召后趁宿酒未醒，要高力士脱靴，杨贵妃磨墨，然后执笔填词："云想衣裳花想容，春风拂槛露华浓……名花倾国两相欢，长得君王带笑看。解释春风无限恨，沉香亭北倚栏杆。"这便是李白的名作清平调辞。名花倾国两相欢，寓意深刻。白居易则凑趣地说："绝代祇西子，众芳惟牡丹。"舒元舆在《牡丹赋并序》中赞牡丹是："我按花品，此花第一。脱落群类，独占春日。其大盈尺，其香满室。叶如翠羽，拥抱栉比，蕊如金屑……"

白居易十分欣赏牡丹，在一首七言古诗中赞牡丹的芳香："牡丹芳牡丹芳，黄金蕊绽红玉房。千斤赤英霞烂烂，百枝绛焰灯煌煌。照地初开锦绣段，当风不结兰麝囊。仙人琪树白无色，王母蟠桃小不香。宿露轻盈泛紫艳，朝阳照耀生红光。红紫二色间深浅，向背万态随低昂……"白居易认为牡丹是色香并美的花，正因为是色香均佳，所以，"花开花落二十日，一城之人皆若狂。三代以还文胜质，人心重华不务实。重华直至牡丹芳……"为了不违农时，白居易还希望："我愿暂求造化力，减却牡丹妖艳色。少回卿士爱花心，同似我君忧稼穑。"看来白居易是爱中带忧，忧一城之人皆若狂地因赏牡丹而妨碍农事，但实质上还是借忧农事而反衬出牡丹的美。皮日休明白地说："佳名唤作百花王，独占人间第一香。"中书舍人李正封有诗道："国色朝酣酒，天香夜染衣。"宋代王禹偁也说："艳绝百花惭，花中合面南。赋诗情莫倦，中酒病先甘。国色浑无对，无香亦不堪。"

"去春零落暮春时，泪湿红笺怨别离。常恐便同巫峡散，因何重有武陵期？传情每向馨香得，不语还应彼此知。只欲栏边安枕席，夜深闲共说相思。"这是唐代以制作"薛涛笺"而闻名的女诗人有关牡丹的一首七律，诗中将牡丹比作恋人，表达自去春花落后至今开时一年来的思念之情。传神地运用"巫峡散"、"武陵期"的典故，唯恐像巫山云雨那样散而难聚，到刘晨、阮肇在桃花仙境中遇到仙女，使花人之间的恋情抹上梦幻迷离、耐人寻味的色彩，最后更以"只欲栏边安枕席，夜深闲共说相思"，使感情达到了高潮。这种浪漫主义的笔法，在古代是不多见的，也使正襟危坐的"诗言志"外，增添几许活泼，或许是"缘情而绮靡"的写照！

白牡丹

绝代祗西子，众芳惟牡丹

　　牡丹是唐宋两朝盛行的花，唐宋是诗与词的朝代，文人咏牡丹的诗词歌赋也就特多。诗人赏花方法各异，情趣不一。苏轼喜欢雨中看牡丹，他认为"雾雨不成点，映空疑有无。时于花上见，的皪走明珠。秀色洗红粉，暗香生雪肤……"又"霏霏雨露作清妍，烁烁明灯照欲然。明日春阴花未老，故应求忍着酥煎"。但如若大雨则易伤花。故又有句道："夜来雨雹如李梅，红残绿暗吁可哀。"苏轼认为雨雾润花，花不易凋，在丽珠映衬下，花色益形鲜丽可以长盛不衰，而"雨雹如李梅"般打在花上，则将"红残绿暗吁可哀"了。

　　宋人对牡丹是珍惜倍加的，对牡丹落花也不忍其污泥沙，而要用"牛酥煎落蕊"，或者将花瓣蘸面粉后，做成酥饼煎食。诗中说："未忍煮酥煎，则惜花尤甚。"连做成酥饼也舍不得了。而杨万里的赏花诗是历来少有的，他在诗中写道："排日上牙牌，记花先后开。看花不仔细，过了却重回。"这哪里是一般的赏花，而是园艺家在观察记载开花习性了。最为突出欣赏牡丹的是宋代的张　（功甫）。据《童蒙训》载："众宾既集，一堂寂无所有。俄间左右云：香发未？答曰：已发。命卷帘则异香自内出。郁然满座。群妓以酒肴丝竹，次第而至，别有名姬十辈，皆衣白，凡首饰衣领皆牡丹。首戴照殿红。一妓执板奏歌侑觞，歌罢乐作乃退，复垂帘，谈论自如。良久香起，卷帘如前。别十姬，易服与花而出。大抵簪白花则衣紫，紫花则衣鹅黄，黄花则衣红。如此，饮酒十杯，衣与花凡十次更易。所歌者皆前辈牡丹名词，酒竟，歌女乐人数百人列队送客，烛光香雾中，歌乐再起，客人恍然如入仙境。"赏牡丹达到了这样水平，豪华靡费可见一斑。

魏紫姚红扫地空时芍药正艳天

红花紫薇

10.芍药

　　芍药是迟开的花。宋代曾巩说："小碧栏杆四月天，露红烟紫不胜妍。"元代马祖常有诗："芍药花开端午时。"芍药在端午前后开花，一些传统花卉到此时已大多凋萎，唯有芍药正花开"不胜妍"。所以宋代邵雍写诗形容芍药花开于暮春，诗道："一声鹏鸠画楼东，魏紫姚红扫地空。多谢化工怜寂寞，尚留芍药殿春风。"因此又把芍药称为"殿春花"。明僧德祥有诗道："玉阶宜有此花开，金鼎调香宰相才。莫谓人间无彩笔，写将浓艳入云台。"白居易有句："夹砌红药栏"，宋·戴复古写道"翻阶芍药迟"。从这几句诗看，芍药是宜植阶前栏边。芍药又是晚春迟开的花，韩元古的《浪淘沙》再次点明了这一点："鹏鸠怨花残，谁道春阑？多情红药待君看。浓淡晓妆新意态，独占西园。"词中的芍药更能成为园中主景，网师园中便有以芍药为主景的庭院小区，取名殿春，是花景也是诗境。

11.紫薇

　　被杨万里称为"长放半年花"的紫薇，具有花期长，且在初夏开放的优点。许多古典园林均配置紫薇，备受文人青睐。考其原因则与白居易的两首诗有关，其一："丝纶阁下文章静，钟鼓楼中刻漏长。独坐黄昏谁是伴，紫薇花对紫薇郎。"其二："紫薇花对紫薇翁，名目虽同貌不同。独占芳菲当夏景，不将颜色托春风。浔阳官舍双高树，兴善僧庭一大丛。何似苏州安置处，花堂栏下月明中。"这两首诗首先把紫薇花与紫薇郎（翁）对应起来，而紫薇郎是唐代的官名，又称中书侍郎，是中书省长官，掌管机要、起草诏书等职，是极为重要的官职，不轻易授职。白居易把花名与官名联系起来，花的身价也就骤然倍增。诗的第二层意思，写出了紫薇花的配置和景观特色，因此士人们也就爱护倍加了。实际上紫薇花的花期正处于夏季缺花时期，所以园林中也就广泛选用了。

如果在绿苔斑斑的庭院中，点植几株红艳紫薇，那么正应了王安石的诗句："紫薇花对绿苔斑"。王十朋有诗："盛夏绿遮眼，此花红满堂。自惭终日对，不是紫薇郎。"

12.栀子

在炎夏酷暑，栀子带来清芬。文震亨说："栀子清芬。佛家所重，古称禅友。"《三柳轩杂识》："栀子为禅客。"因其洁白素净，香馨袭人，最受佛门喜爱，是夏季清供之佳品，园主或其家人信佛者必备。栀子植株虽小，却具特色，明代黄朝荐的诗便是明证："兰叶春以荣，桂华秋露滋。何如炎炎天，挺此冰雪姿。松柏有至性，岂必岁寒时。幽香无数续，偏于静者私。解醒试新茗，梦回理残棋。宁肯媚晚凉，清风匝地随。"栀子与春兰秋桂及松柏并列，可见其不同凡响了。栀子不占园地面积，阶边屋旁均可配置，南朝齐·谢脁说："有美当阶树。"梁简文帝说："素花偏可喜，的皪半临池。"杜甫说："桃蹊李径年虽古，栀子红椒艳复殊。"庭院蹊径美不胜收！

13.木槿

木槿是夏秋开花的花灌木。一般被看作是"粗花"，是农家的花（因农家院中栽以作篱并采叶供洗濯衣物等用），可是唐宋名家却极喜爱。李白盛赞木槿是："园花笑芳年，他草艳春色。犹不如槿花，婵娟玉阶侧……"槿花与婵娟并提，可见李白对槿花的爱是明显的。唐代杨凌则赞木槿不在春风中凑趣，而在少花时节独呈红姿："绿树竞扶疏，红姿相照灼。不学桃李花，乱向春风落。"范成大说："槿花红未落，槿心倾　露。"无名氏的《木槿》诗，则更倾心于木槿花期、花容的富于特点，"……仿佛芙蓉花，依稀木芍药"，这是悦目于木槿有芙蓉、牡丹之容；"炎天众芳凋，而此独凑铄。慰目聊娱情，苍松在岩壑"，这又是倾心于炎夏缺花，木槿却冒暑怒放，真有松柏般的骨气，可以慰目娱

清丽栀子

木槿

合欢

桂花

情。那么木槿是完美的花了！农村中喜用木槿编篱，园林中用木槿作篱，可以产生田园风光的效果，且可用于围护、分隔园中景观。杨万里有句诗证实了这点："夹路疏篱锦作堆"。木槿是实用与观赏两相宜。

14.合欢

合欢是复叶，小叶两两成对，昼开夜合，故又名夜合花。嵇康《养生论》、雀豹《古今注》均说："合欢蠲忿。"所以，韩琦说："所爱夜合花，清芬逾众芳。叶叶自相对，开敛随阴阳。不惭历草滋，独檀尧阶祥。得此合欢名，忧忿诚可忘。茸茸红白姿，百和从风扬……"由诗可知，合欢是属于名、姿俱佳的花木。所以，元代袁桷有诗赞合欢："一树高花冠玉堂，知时舒卷欲云翔。"申时行写道："隙地不载无果树，中庭那有合欢花。"看来庭前堂后都是合欢的适宜配置位置。

15.木犀

又名桂花。桂花是秋天的象征，特别是装点中秋的必备花木。桂花是古老的花木。《山海经·南山经》记述："招摇之山，其上多桂。"《吕氏春秋》也说："物之美者，招摇之桂。"桂花是月中之树，白居易的七绝道："遥知天上桂花孤，试问嫦娥更要无。月宫幸有闲田地，何不中央种两株？"明代文嘉也有七绝形容桂花是月宫的花："黄金宫厥郁嵯峨，万斛清芬散琦罗。吴下高枝原有种，天香莫怪属君多。"李白也有句："相思在何处，桂树青云端。"李商隐则更说："月中桂树高多少？试问西河砍树人。"桂花不仅贵为"月中桂"，且其树姿优美，郭璞誉之为"气王百药，森然云挺"。

桂花也是"比德"的好材料，据《翰林杂事钞》："武帝谓东方朔，孔、颜之道德何胜？方朔曰：颜渊如桂馨一山，孔子如春风，至则万物生。"又据《晋书·却诜传》："武帝于东堂问诜曰：'卿自以为何如？'诜对曰：'臣举贤良对策，为天下第一，犹桂林之一枝。'"于是桂枝又称"诜枝"。宋代叶梦得在《避暑录话》中解释道："世以登科为折桂，盖自却诜自谓桂林一枝后。"唐以后，便以士人登科（考取进士）为"折桂"。温庭筠还有"犹喜故人新折桂"之句，意即庆幸老友最近进士及第。又因桂花是月中之树，月中传说有蟾，登科又变成"登蟾宫"，简言之便成了"蟾宫折桂"。贺友人中进士便以"蟾宫折桂"之典相赠。连不屑说仕途经济之类腌臢话的林黛玉，得知宝玉要上学时，也说出了："这一去可是要'蟾宫折桂'了。"必须指出的是与英国皇家选拔优秀诗人，以"桂冠"相赠，即所谓"桂冠诗人"，这"桂冠"所用的是樟科的月桂树（*Lanrus nobilis* L.），而"蟾宫折桂"的桂则是木樨科的桂树（*Osmanthus fragarans* Lour）。两者显然相差甚远，不能混淆。

"独占三秋压众芳"的桂花是中秋的景观。唐玄宗说："小山秋桂馥"，张九岭说："桂花秋皎洁"，杜甫也说"赏月延秋桂"，李贺更以"联翩桂花坠秋月"形容桂花的高贵和秋色。白居易也有"山寺月中寻桂子，秋月晚生丹桂实"等句来描绘桂花的秋色以及它与月宫相联系。白居易任苏州刺史时，更作《东城桂》着意描绘了桂花从月中而来，生长在姑苏城的特点。无怪苏州市要选桂花为市花，难道这不是文化的渊源吗！

莫嫌开最晚，原是不争春

16. 木芙蓉

苏州俚语云："十月芙蓉赢小春"，十月阳春时木芙蓉花开，芙蓉是晚秋的花。《学圃余疏》载："芙蓉特宜水际"，梅尧臣诗："水中兼木末，相似有嘉花。玉蕊坼蒸栗，金房落晚霞……"申时行也作诗："群芳摇落后，秋色在林塘。艳态偏临水，幽姿独拒霜……"水边的芙蓉景色真是美极了。所以，杨万里盛赞道："染露金风里，宜霜玉水滨。莫嫌开最晚，原是不争春。"木芙蓉依仗其花色丽质，繁荣了晚秋的园景。

17.蜡梅

蜡梅因是腊月的花,故颇觉珍贵。唐代诗人咏蜡梅者似不多见,宋代则对蜡梅十分关注,苏轼、陈与义、范成大、周必大等诗人均有诗、词赞颂蜡梅。苏轼有诗欣赏其色与香:"玉蕊檀心两奇绝",色、香均是柔和的,"夜间梅香失醉眠",在柔和中芳香醉人。陈与义欣赏其耐寒,故有"岁岁逢梅是蜡花"之诗句,同时又写道:"薰我欲醉须人扶",可见对蜡梅的芳香也是十分欣赏的。杨万里的七绝也点出了蜡梅的耐寒和丽色:"江梅珍重雪衣裳,薄相红梅学杏装。渠独小参黄面老,额间艳艳发金光。"韩元吉的《菩萨蛮》更把蜡梅的适栽位置、景观都写清楚了:"江南雪里花如玉,风流越洋新装束,恰巧缕金裳,浓薰百和香。分明篱菊艳,却作梅妆面,无处奈君何,一枝春更多。"王十朋则赞其为"名字压群葩",盖与脍炙人口的梅花类同也。蜡梅常与天竺及其红果,以柏树枝为底色,作古典式瓶供,最宜厅堂陈设。

18.菊花

菊花可称是全民族的花,不论智愚莫不知悉菊花。上自先秦,下迄近代,总是歌颂其雅洁,特别是魏晋时期,更是爱菊的朝代,诗人们无不以咏菊为雅举。晋代陶潜的五古《饮酒》:"结庐在人境,而无车马喧。问君何能尔?心远地自偏。采菊东篱下,悠然见南山。山气日夕佳,飞鸟相与还。此中有真意,欲辩已忘言。"陆游就陶潜《归去来辞》中"三径就荒,松菊犹存"句,赋诗作解,进一步总结了菊花的"性格":"菊花如端人,独立凌冰霜。名纪先秦书,功标列仙方。纷纷零露中,见此数枝黄。高情守幽贞,大节凛介刚。乃知渊明意,不为泛酒觞。折嗅三叹息,岁晚弥芬芳。"

褒奖颂咏之词不可胜数,独不见有贬语者,可见菊之精神,犹民族之灵魂!

名字压群葩的蜡梅

岁晚弥芬芳

三、形实兼丽型

宋代朱长文在《乐圃记》中有一段话："时果分蹊，嘉蔬满畦，标海沉李，剥瓜断壶，以娱宾友，以酌亲属。"说的是在乐圃中种了鲜果时蔬，采收了用以招待亲友或供家人尝新，亲手劳作，共享时鲜，田园情趣，其乐融融。可见古代园林中的植物，并非纯属观赏。如《上林赋》中提到了39种植物，其中即有卢橘、黄柑、橙、榛（川橘）、枇杷、沙棠、留落（石榴）、离支（荔枝）、蒲陶（葡萄）、隐夫（山樱桃）、枰（银杏）、胥邪（椰子）、（酸枣）、亭奈（棠梨）、（枣）、杨梅、樱桃等17种果树，另外尚有杜兰等芳香植物。这说明在上林苑中果树也是装点园景和采食鲜果的兼用造园材料。随着经济的发展，人与田园的距离日益拉开，同时艺术的演化促使"艺术排他性"逐渐占有主导地位。强调装饰功能，以非食用性植物为雅的风气流行，逐渐使园林中单纯地配置纯观赏性的植物，偶有少数果木也不具重要功能。这样，就使私家园林的主人不再亲自参与管理蔬果，不能领略蔬果与自然的共繁荣，失去了采摘时鲜、品尝园产的情趣。

事实上，有不少花木是形实俱丽的，有的则本来就是从果树中演化选育出来的，如梅花最早便是采收果实的果梅，后来才逐渐选取其中重瓣、复瓣的梅花作为观赏之用。《诗经·召南》"标有梅"所说的梅便是果梅，当时是供佐餐用的。吴江市梅埝乡在20世纪60年代出土的青莲岗文化遗迹中，发现有梅等核果，考古学家分析认为当时这些果实都是珍贵食品，所以作为殉葬品。这就足以说明梅是从果梅开始受人重视的。不仅如此，桃、李、杏、石榴等最早也是从采果食用转向观赏的。《语林》中说"梅李至冬而花，春得而食"；《世说新语》记述的魏武带兵，兵渴，望梅生津止渴的故事，均给梅李等带来了食用、观赏兼备，及其丰富的文化内涵。

果树还兼具了遮阴的功能，明人吴宽说："枣树八九株，纂纂争结实，大率如排珠，此种味甘脆……早知实可食，何须种柽榆？"可见明代时果树还是十分受到重视，园林中仍是常用的。

为了便于说明，下面择要介绍几种形实俱丽的果树，以见一斑。

1.枇杷

枇杷是四季常绿，"寒暑无变，负雪杨华"，"质贞松竹，四序一采"的果树（宋·周　《枇杷赋并序》）。枇杷冬花夏实，可以繁荣寂寞的冬景，丰富初夏的时鲜。其

枇杷

景观很是动人，特别是绿叶丛中金果悬枝，最惹人爱。明代高启有诗赞道："落叶空林忽有香，疏花吹雪过东墙。居僧记取南风后，留个金丸待我尝。"沈周有句："数颗黄金弹，枝头骇鸟飞。"近代画家吴昌硕更说得明白："五月天气换葛衣，山中卢橘黄且肥。鸟疑金弹不敢啄，忍饥空向林间飞。"此情此景，真是讨人欢喜，无怪拙政园中有枇杷园一景。苏州洞庭山更有全国特有的"白沙"枇杷。

石榴

2.石榴

晋代潘尼盛赞石榴："华实并丽，滋味亦殊。可以乐志，可以充虚。朱芳赫奕，红萼参差。含英吐秀，乍含乍披。遥而望之，焕若隋珠耀重川；详而察之，灼若列宿出云间。"潘尼把石榴的浆汁种子比作天空星宿，晶亮闪耀珍爱有加。晋代张协《安石榴赋》也称其："耀灵葩于三春，缀霜滋于九秋。"石榴春华秋实，四季有景。宋代晏殊的"五绝"把石榴的配置位置作了说明："开从百花后，占断群芳色。更作琴轸房，轻盈琐窗侧。"宋代宋祁则着力夸其景观："不竞灼灼花，只效离离实。"这诗是对石榴花、果俱丽的描绘，宋祁对石榴可算是情有独钟了。

至于民间流传的"榴开百子"虽系俗例，与当今计划生育相背，但也典出有据。《北史·魏收传》："安德王延宗纳李氏女为妃，妃母宋氏以二石榴荐于王前，王弃之。宋氏见，乃作解释道：'石榴房中多子，王新婚，母望婿、女多子孙。'王大喜。"于是相沿流传，成为民俗。但终成历史陈迹！

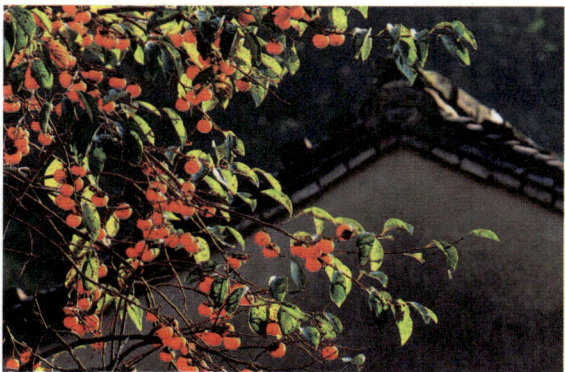

柿子

3.柿

柿子浑红而味甘，干高且叶肥，是颇具特色的果树。唐代段成式在《酉阳杂俎》中称柿有七绝："一多寿，二多阴，三无鸟巢，四无虫蠹，五霜叶可玩，六嘉实可啖，七落叶肥滑可以临书。"

所谓多寿，据《荒政要览》："凡

陡坡地内，各密栽成行，柿熟做饼，以佐民食"；又"三晋泽沁之地多柿，细民干之以当粮。"柿可代粮，是为济世寿民也。

所谓多阴，明代尹易有诗道："蔽柿甘棠勿伐，轮囷窃比灵椿。"白居易的《五古·朝归书寄元八》："柿树绿阴合，王家庭院宽。"李商隐的七绝则点出了柿树的遮阴功能，诗是这样写的："孤鹤不睡云无心，衲衣筇杖来西林。院门尽锁回廊静，秋日当阶柿叶阴。"

关于无鸟巢，这一点是令今人大惑不解而持非议的，当今有的公园不是在筑巢引鸟么？为何无鸟巢反被古人称道？原因是今世人口众多，鸟类稀少筑巢引鸟可以平衡生态。而唐代则是人稀鸟密，故以无鸟巢为一大好事。至于为什么柿无鸟巢？梁·庾仲容的诗作了明白的解答，诗是这样写的："风生树影移，露重新枝弱。"柿叶肥大风吹叶飘，鸟不易停；柿树新梢软弱，露、雾稍重，枝弯下垂鸟巢难筑。

嘉实可啖的柿子

关于无虫蠹，古人未作解释。实际上柿树树液中含较多的多酚类物质，氧化后具有保护性膜，同时，多酚类物质奇涩，虫不喜蠹。

霜叶可玩和嘉实可啖，这是柿树的最大特色。据《曹州志》载："齐破师魏处，其地平临河，柿树森密，深林霜落，不异江南枫。"柿叶经霜转红，可与枫叶媲美，是良好的秋色树种之一。当"柿叶满庭红颗秋"（苏轼）的时候，柿实便"色胜金衣美，甘逾玉液清"了，这是赞柿子的色泽可爱。梁简文帝《谢东宫赐柿启》写道："悬露照采，凌冬挺润，甘清玉露，味重金液，虽复安邑秋献，灵关晚实，无以匹此嘉名。"高度赞美了柿子的色、味兼备。宋代仲殊和尚也颂扬柿子的姿色与风味，所写《西江月》道："味过华林芳蒂，色兼阳井沉珠。轻匀线蜡裹团酥，不比人间甘露。神鼎十分火枣，龙盘二寸红珠，清含冰蜜洗云腴，只恐身轻飞去。"

可见霜叶可玩时，正是味过华林芳蒂的尝果时节！落叶肥滑可以临书，这是柿的绝献。从《唐书·郑虔传》中知悉："郑善画喜书，苦无纸，于慈恩寺将积聚的柿叶，书写殆尽。"后郑虔以自写诗、书进玄宗，玄宗随手御笔书其后曰："郑虔三绝。"这就远远超越了赏树姿、叶色，尝鲜果等一般欣赏，以及颂扬树性等"比德"式的赏玩，而成为真正的柿树的绝献了。

无怪，园林、公园、风景区中总忘不了配置柿树。

4.柑橘

柑橘是财富，"蜀汉江陵千树橘，其人与千户侯等"（《史记·货殖列传》），这是说的经济价值。"叶茜翠兰，郁郁而冬茂。朱实金辉，离离而夏熟。"（晋·郭璞，潘岳）这是说的景观价值。有此二端，无怪古往今来，博得了几多人士的钟爱。

司马相如闻其味，便呼"橘柚芬芳"（《上林赋》）。唐代李顾说："柑实万家香。"杨万里更进一步说柑橘是"林深不隔香"。可见橘香诱人，芳香四溢满布林区，虽深林相隔仍香气飘扬。面对如此佳果，难怪陆绩要"怀橘以奉母"（陈寿《三国志·吴志》），也无怪王右军送人

柑橘

柑橘三百枚后，特再写《奉橘帖》、《黄柑帖》以示人。由此也就可以了解晋代杜预在宴席上要"鞣以丹橘，杂以芳鳞"，以显示其阔绰。筵席上用水果，恐自此始。所以唐代宫中在上元夜，宫人用黄罗包黄柑遗近臣，谓之传柑宴（《诗话》）。正因为柑橘的芳香可爱，潘岳要在离离夏熟的时候，"广命宾客，历览游观。三清既设，百味是烂，炫晃乎玉案，照耀于金盘"（《橘赋并序》）。

白居易欣赏橘树的整体效果和生长的园景，喜爱"枫林橘树丹青合，复道重楼锦绣悬"，"掩映橘林千点火，泓灯潭水一盆油"的橘园景观。李德裕《瑞橘赋并序》中描写橘园的秋色道："杂丹枫于溪畔，映绿条于岩侧。翡翠以之列巢，鸀鳿于焉栖息。"非醴泉不饮，非练实不食的鸀鳿，竟能栖息在橘园之中，可见其环境之幽美。用现代时行的科学语言来说，生态条件是何等优越。苏轼写《浣溪沙》赞柑橘的秋景："菊暗荷枯一夜

霜，新苞绿叶照林光，竹篱茅舍出青黄。香雾喷人惊半破，清泉流齿怯初尝，吴姬三日手犹香。"又有句道："一点黄金铸秋橘"。这真是色香俱全了。范成大也写七绝，表达了对柑橘秋景的欣赏："新霜彻晓报秋深，染尽青林作缬林。惟有橘园风景异，碧丛丛里万黄金。"朱熹对橘的经济、观赏价值均作了高度评价，有七绝为证："君家池上几时栽？千树玲珑亦富哉。荷尽菊残秋欲老，一年佳处眼中来。"

历代歌颂柑橘的诗词歌赋何止万千，仅以赋、颂等文章言，即有三国魏曹植的《橘赋》、晋代潘岳的《橘赋并序》、郭璞的《橘柚赞》、王升之《柑橘赞》、胡济《黄柑赋》、刘瑾《柑树赋》、梁代宋炳的《柑颂》以及宋代谢惠连《橘赋》、《柑赋》、苏轼《洞庭春色赋》等数十篇，足证柑橘的受人垂青以及充满了文化气息！

5.枣

枣是财富，"安邑千树枣，其人与千户侯等"（《史记·货殖列传》）。枣给人以温饱，汉代刘向《战国策》曾记述："苏秦说燕文侯，北有枣栗之利，民虽不由田作，枣栗之实，足食于民。"枣又给人以光明，《邹子》："燧人氏夏取枣杏之火。"于是，王安石在《赋枣》中说："种枣予所欲，在实为美果，论材又良木。"枣确是美果良材。梅尧臣的七言古诗中有一句诗备言枣实的甜美："树头阳乌饥啄枣，破红绕地青蝇老。"欧阳修的七律则盛赞枣实的红艳、可口："秋来红枣压枝繁，推向君家白玉盘。甘辛楚国赤萍实，

枣

大落韩嫣金弹丸。聊效诗人投木李，敢期佳句报琅玕。嗟予久苦相如渴，却忆冰裂慰齿寒。"

枣又具有极好的"比德"内涵，《汉书·王吉传》载："始吉少时学问居长安，东邻有大枣树，垂吉庭中。吉妇取枣以啖吉，吉后知之，乃去妇。东家闻而欲伐其树，邻里共止之。因固请吉令还妇。"传记了清代王吉之睦邻重情，正赞扬了枣树之德。这类故事在城市人口日益密集的今天，是应该广为宣传的。

6.银杏

树形高大端正，叶形美丽且富有秋色，长寿无病、少虫，是我国特有的树种，又属第四纪冰川时期的孑遗树。本应作为古典园林的骨干树，可是在私人家园中却极少配置。苏州狮子林、留园中的银杏大树，也非园主选定的，而是原来由寺庙改建所遗留的。究其原因：银杏又名白果，白果二字字意欠吉。在科学不发达的封建社会中，事事都力求趋吉避凶，私人家园就不愿栽植银杏了。这当然是应该扬弃的糟粕。

上面简要摘述了多种木本植物的文化内涵，而未提草花，是嫌弃草花？还是草花无文化内涵？事实上都不是，草花中如菊、兰，是堪称植物文化的代表种，传诵与赞赏之词岂可胜数。正因为如此，这里如再喋喋不休地介绍其文化

狮子林银杏

特性，就会使人读之嫌烦。所以虽著名若此，也毅然割爱了！另外，草花极为费工，私人园林要使周年观花，则势必要有专人管理，还需花房等相应设备，这就较难了，特别到晚清园主经济已大多衰落，不易雇佣花匠等。所以园林配置上极少栽植花卉，草花中从国外引进的也多，这在传统文化中的地位就极低微，传诵的文字也就稀少。

基于这些原因，古典园林中除室内陈设外，极少采用花坛、花境，草花用量也就相应减少。因而本书也就不准备再费笔墨了。但当时园林中草花虽少，苔藓类植物却如同现代园林中的地被植物那样普遍，尤以历史较久、空间较小、人的活动较不频繁的园林局部，生长最多。苔藓类植物象征了清幽，顺应了隐逸文化的需要，所以备受士人的喜爱。

这里再援引唐代少年才子杨炯《青苔赋》中的几句，借以说明士人们对苔藓植物的感情。词赋写道："白露下，苍苔羌；暗瑶砌，湿琼铺。"这12字是写青苔生长的适时和适地。最后着重抒写了青苔的性格："其为让也，每违燥而居湿；其为谦也，常背阳而即阴。"青苔生性谦让，不争阳光，不嫌阴湿，默默地奉献着它的绿色，显示了它的风格。"重扃秘宇兮不以为显，幽山穷谷兮不以为沉。"青苔甘居深院幽谷而不争宠，不骄矜，不卑不亢，品德高贵，故杨炯又写道："有达人卷舒之意，君子行藏之心。"虽是描写

青苔，实是杨炯对美好人品的向往，借青苔而抒发心志的一种手法。流露了对这不占大空间的小植物的一片钟情。同时又反映了传统文化的力量，虽不起眼如青苔，士人们也择其某一特色，而作为"比德"的材料，这是儒家学说深印人心的结果。从本书所提及的刘禹锡、杨炯到清代的袁枚等都体念到了这种清幽空间的静逸、安定。虽说微小如青苔，也能统调一方园景，这真是近代人无法领略的意境！这种清幽的环境已难在稠密的城市中再现！

煞费人工的大立菊

违燥居湿，背阳即阴的青苔

走笔至此，我想有必要对传统文化与园林植物景境及其配植的关系，也即是传统文化对植物景境意匠的实际影响，作一回顾与小结。

从商周先秦以迄明清，历代相传的道德现象和道德关系，即传统的伦理观念深刻地影响了民族的素质。老庄、孔孟以及诸子百家所倡导的一系列伦理道德观，成为传统文化的主要方面，也是古代士子出处士达必然遵循的道德准则和自觉追求的做人准则。所以每做一件事都会从文化的高度来衡量、评价，造园活动也不例外。

由于农耕经济对天的依附性，先民对天的认识是由神秘到敬畏，由敬畏而走向依赖，并引申为"天人之际和谐"的哲学概念，成为广义的宇宙观。在这样的总概念下又从"构木为巢"、"钻燧改火"等对树木的依附性形成了把树木看作"社木"等的原始崇拜，进而渗透了文化内涵，对树木植物赋予某些"性格"属性。当造园造景应用树木植物材料时，势必联系这些文化现象，特别是植物材料与厅、堂、亭、榭等建筑物结合联系时，受诗学和传统诗学的影响，便题额、作记、写诗、填词形成景点。甚至把这样的文化活动，作为园景雅俗的衡量标准之一。

运用植物材料，并与建筑物配合成景时，必然要经过一番思考、观察，在建成后的日常欣赏过程中，也将因景生情，发人深省。这思考、欣赏的过程，也就是通常所说的陶冶情趣的过程，古典园林之所以宜于静观、细赏、耐人寻味，正因其有深刻的文化内涵。这在诗礼传家、文章华国的明清时代，士子们追求的便是以文载道的传统观念。

士人们在传统观念的影响下，每易形成美需寓善、景中有文、文需循经据典，还需寄寓心志于景观之中；另一方面又要求富于诗情雅趣。但在这样的思想支配下，造园造景、植物配置，就易于程式化，造成一定的局限性。

因此，应该把文化修养、文化意识作为造园造景、植物配置的思想基础。要倡导把一切外来文化中的精华，融入到传统文化之中，使之扩大造园造景、植物配置的理念。然后再以科学的思想和技术，具体指导景观的设计和实施。若能密切结合、发挥特色，那么，一种既具有传统风格，又具有发展性的植物景境，便将出现在我国乃至整个世界上。

第四章　植物景境配置的意匠

植物景境配置是指植物材料在园林中适宜的位置种植。所谓适宜的种植位置是指植物与周围，或局部小环境的合宜配合，植物才能长大形成景观。如同家具、书画等在室内的陈设一样，要安放得体才形成格局。本书沿用植物配置一词，是强调种植位置恰当，与山池房舍协调形成景观，不仅是种植成活而已。

受文化影响极深的古典园林，适宜的植物配置应包括两方面内容：一是文化内容，另一是技术内容。两者配合才能既富有传统文化与环境协调，又保证了成长。前者是植物景境配置的"意"，后者便是"匠"。

一、植物景境配置的"意"

植物景境配置的"意"是植物自身的文化内涵、园主（造园者）的宇宙观、人格观、审美观的互相融合，并使之反映在园林空间之中，成为园林景观体系中最有生气的、最能反映天地自然与园主内心世界的一种景境。我们如果把植物材料看作是景观的躯体的话，那么使配置成景的"意"便是景境的灵魂。只有具备了灵魂的躯体，才能具有生气活力。试看明·王世贞对山园中植物景境的记述，便知端底。文章道："名之曰　山……其阳，旷朗为平台，可以收全月，左右各植玉兰五株，花时交映如雪山、琼岛、采而入煎，瞰之芳脆激齿。堂之北，海棠、棠梨各二株，大可两拱余，繁卉娇艳，种种献媚……每春时，坐二种棠树下，不酒而醉，长夏醉而临池，不茗而醒。"（《　山园记》）。文章并未记述豪华的厅堂轩馆，只是写了平台左右配置的十株玉兰和堂北的四株海棠、棠梨而已。这样简洁的景色居然能"不酒而醉"、"不茗而醒"，正是反映了景观中的生气和灵魂，这便是主持者的文气；是宇宙观、审美观在配置中的综合影响。

为便于说明景境配置中"意"的较具体的内容和特点，归纳以下几点：

植物景境配置的"意"是士人们的自然观在造园活动中的反映。"天人之际和谐"的哲学观、无限广大的宇宙观以及寓善于美的古典审美观，反映在造园活动中，便是对自然的认识和看法。士人们充分认识到：大自然是主宰着生灵的，人不能离开自然，要仰赖自然。自然是什么？自然便是宇宙空间及其包容的一切，其中最为活跃的是生物，宇宙空间的一部分——园林空间又是一切包容物的载体。因此，如果园林空间中能最大限度包容各种生物，那么就是占有了最大限度的自然，也即是体现了天地共融、"天人和谐"的理想境界，实际就是达到了隐逸山林的生活目的。生物中最便于引用的是植物，尤其是树木，以及由植物引来的各种鸟类。所以园不论大小，凡有隙地必然栽植花木，栽植时应无人工意味，而是"法天象地"不加拘束、不剪不修象征自然。所栽花木又都取自当地，来自"乡土"。这是景观配置中"意"的思想基础。

　　植物景境配置的"意"又是隐逸文化中，士人们求逸、求乐的表现。什么是士人们追求的逸和乐？首先，从精神上衡量，在封建集权制度的制约下，士人们入世而达，仕途显贵的毕竟为数不多，即使身居高位仍有旦夕灾祸之虞。稍有机遇便喜效学佛老释道，或阮籍、向秀辈的在大自然中寻一方乐土，安身立命以为终老之计。但经宦海沉浮的士大夫，生活上岂能像魏晋以前那些隐士：凿石为室，"饥不苟食，寒不苟衣，结草为裳，科头徒跣……自作一瓜牛庐，净扫其中，营木为床，布草蓐其上"（《三国志·魏书·管宁传》）。而是依仗经济实力，选适当地点，构筑理想的生活环境，成为城市中的山林，企望"游都邑以永久，无明略以佐时……超埃尘以遐逝，与世事乎日辞。于是仲春令月，时和气清，原野郁茂，百草滋荣……于长焉逍遥，聊以娱情……"（张平子《归田赋》）的生活。在此目标下，就需要"居有良田广宅，背山临流，沟池环匝，竹木周布……"（《后汉书·仲长统传》）的住宅环境。于是，择地造园，筑舍营居，掇山理水，植树配景，鱼跃清波，好鸟时鸣。生活其中可游可行，可望可歌，这就是士人们求乐的目标。但城市之地面积有限，难以广拓园地，只能在造园技巧上作艺术的安排，力求做到如费长房进入卖药翁药壶中那样"万景天全"。这是受世界观的支配，也是艺术上的需要，要兼顾这两方面的完善，就必须把传统文化的精华贯穿在植物景境配置的"意"中。具体地说，通过植物配置。使城市山林既能寄寓心志，又能使生活环境形成安乐舒适的理想天地。

　　要建成这样一个理想的生活环境，园主须有其理想的模式，即所谓胸有丘壑，才能意在笔先。这胸中的丘壑便是日后建成园林的原型，所有植物配置的"意"，也就大多脱胎于这个原型。

　　以苏州园林为例，这一造园的原型常师法郊外的自然山水和植被。苏州是沃土广袤的平原城市，西郊有波光潋滟的万顷太湖，湖周山峦重叠，山不高却有峰峦洞壑，林不深但见疏密错落，藤竹相间繁柯满坡，有常年不断的花卉，四时可摘的鲜果，这些乔林灌丛、山花野果，增添了几许自然、几许情趣，以此为造园原型必将使小园收"天全"的效果。

　　根据上述一些配置时的"意"，在实施前尚需注意：基地面积"大园重在补白"，"小园重在点景"（陈从周），面积大者，建筑物相对显得少，需有较多林木花卉覆盖园地，《花镜》中所说的："园中地广，多植果木松篁"，这是大园配置植物时的总原则；面积小的，建筑物相对感觉多，植物景点宜疏，要与山、池、房、廊等协调成景，甚至树姿花容都要细加琢磨，方能与全园相称，避免拥塞。

基地如留有大树，应尽量保留利用，这是古今学者之共识，明·王世贞建 山园时，基地有老朴树一株，王世贞说："山水亭榭，皆人力易为之，树不可易使古也，益之价……为亭以承之，曰：嘉树。朴恶木也，而冒嘉名，亦遇矣。"王世贞心目中朴树是"恶木"，但因其"大且合抱，垂荫周遭，几半亩"，所以高价求售并筑亭题额，说明老树之重要。这是有了"荫槐挺玉成难"（计成）的爱护老树的思想后，才能重视利用这难得的资源。这对当今建筑部门颇有指导意义，有了这种爱护树木的思想，城市绿化要顺利得多。

要将上文所述植物的文化内涵，尽量与房廊厅堂，山峦池沼等环境融合，点睛似地突出该局部的文化意趣，以收丰富园容减少俗情之效！

要十分重视"乡土"树种、地方品种。历史上虽然有许多名园都是广求天下名品，特别像上林苑、艮岳等皇家园林，均可利用权势广搜各地名种，但效果也未必全佳。而比较实际的应该多用当地植物，这样可以达到"适地适树"的林业原则，植物生长良好迅速，那种"斗富"似的以名品取宠的做法未必适宜。

总之，植物景境配置十分重视第一性的、精神方面的意。这样也更有利于以少胜多，有小中见大的艺术效果。

二、植物景境配置的"匠"

植物景境配置的"匠"，是"意"的贯彻和保证，是把配置意图落实到园林，即把植物材料按配置意图种植在园中适宜地点，经养护成活成景的工程措施，而"意"就是规划设计。关于这些具体技术看似简易，仅限于施工操作，其实却与造林迥异，包含着许多技艺因素。这些，本书不准备深入展开讨论，但为使本书能有一较完整的内容。所以，本节对此作一概述，以引起人们的重视。

种类、品种的选择。林业上造林不可能兼顾品种，但在园林中配置树木则要十分注意选用适宜种和品种，例如为配置"松涛"的景境，不宜选用从国外引进不久的雪松，因为松对土壤要求颇高。林业上总认为马尾松是耐瘠种，可是在园林配植制约其生长良好的首要因素是阳光、土壤酸碱性，以及地下水位。苏州这样的平原城市，因历史悠久历代房屋改建，建筑垃圾逐次堆积，覆盖了很厚的杂有石灰性的垃圾，其中钙离子影响了pH值；其次平原城市地下水位较高，排水性能较差，这些都影响马尾松的正常生长。于是，选用黑松、白皮松就有较好的效果。若在华北地区，黑松的耐寒性较差，制约着黑松的正常生长，故以白皮松、油松较好；而东北又以落叶松、樟子松等为好。其他一些国外引进的松树，如火炬松、湿地松等因其过于刚直挺拔，不符合国画"画树无一笔不曲"的原则，也就是缺少画意,所以不宜采用。至于花卉,尤其像菊花,对品种之重视,已毋庸在此赘述了。至于一些特殊种类,例如月季,变种、品种繁多,选用时则应依环境、目的,计划形成的氛围而定。希望其周年有花点缀园景,对花形要求并不太高的,则宜栽较原始的"月月红"品种(也有将其列入变种系中的);反之,则应选栽名品月季。

再如前文提到的梅花有铁骨红梅名品,这与一般品种相比,无论花色,花形,艳丽程度均极悬殊;蜡梅中的罄口品种(严格地说应是变种),与实生的 "狗牙"蜡梅相比,花香,花量也是差异极大。优良的栽培技术可通过嫁接等予以改良。再者假山缝隙中植树,所用土壤一定要黏、壤适中,肥力良好,这样才能为植物生长创造适宜的条件。

关于选用大苗或小苗问题。大苗容易成景,但不易成活、管理费工;小苗则反之。因此,应依环境而定苗木的大小。主要景点、重要位置应选用大苗。次要位置可用小苗,假山上、土层较浅的地点应栽小苗。特殊景点如苏州留园"古木交柯"景点,系圆柏与女贞之大枝交互缠曲而呈交柯连理状,20世纪60年代两树枯萎后,如能选栽在苗圃中专供造景用之连理状树(是连理状而不一定是连理枝),则效果更好。当然这要依条件而定。如属补植,凡周围无大树遮阴、位置较宽、通风较好的环境,还是小苗较好;反之,则用大苗,但要适当疏剪大树之枝条。

栽植时期成活率问题。凡落叶树宜在落叶后发芽前,常绿树宜在萌芽前半个月左右最佳。落叶树可裸根不带土;后者应多带宿土,特别是长距离运输的苗木,必须带土并包扎土球。栽后立即定型修剪(主要是与环境的协调而不是提倡人工形式)。

设计施工中要根据建筑环境,务求在种类、体量、风格等方面相互协调,保持一定的传统风貌;场地有限的不宜堆多掇假山,而可用点石,峰石等代替,以免喧宾夺主影响其他设施;树形有参差,施工中要根据形状适当摆布,不能机械地像造林般种植;少用香樟等常绿大乔木,场地有限的宜多用落叶乔木及花木等等。

下面就现存古典园林中植物景境配置意匠试加总结分析,并提出一些在新建古典式园林时,在配置植物方面应予注意的问题,以供读者讨论、参考。这就是与建筑的协调,与环境的统一,不拥塞,有变化特别是富于季相变化;如若可能要兼顾生态环境的改善等等。

第五章　按诗格取裁植物景境

　　明代陆绍珩《醉古堂剑扫》中说："栽花种草全凭诗格取裁"，清·沈复《浮生六记》中也有"栽花取势"的论点。这是什么意思呢？就是说种植花草（也包括树木），应符合诗情，要包含文气，也就是说园林中配置植物，要有文化气息，要立"意"。

　　"诗者，人心之感物而形于言之余也。"（朱熹）诗格者，是诗词的宗旨（包括体裁、字义等文学内涵，因非本书讨论对象故不深论），也即是作者的思维感受与描写的客体相互结合后用精炼的文字进行表达的一种文学形式。唯物论者历来认为"存在决定意识"，良好的客体，即良好的环境，能引发自身的感受思维。就是前文说的"诗情缘境发"。"草木葱茏，满山绿映，万物之生意最可观……人与天地一物也"（《二程集·河南程氏遗书　卷十一》）的环境，也即是常说的那种与自身心志相融合的自然条件，最能引发诗情，形成诗的氛围。

　　从造园和施工过程而言：园将造成，势必实地细察建筑的外观，即山、池、路、桥等互相联系的情况，更要进一步核对可供栽植花木的面积、位置、环境状况以及与园中其他景物之间的关系，考虑树木的空间特点，与房屋有无相互干扰等。然后才能较切实地按配置原意实施，或作适当调整，付诸实施。

　　凡气度恢弘、位置重要的主建筑前，宜用"比德"内涵的植物，以示庄重；幽静雅逸的较小空间，宜按"诗格取裁"，并用与建筑用途相近的植物种类，使形成主题性景点；山水大空间则要形成自然性景观，照顾到画意、季相等。所谓"或一望成林，或孤枝独秀……取其四时不断，皆入图画"（文震亨《长物志》）。在此同时，尚要对全园隙地、角隅、路缘等非重点地段，作相应的补白性栽植，如同当今园林绿地中之基础栽植。

　　必须指出的是"诗言志"，诗格之选用常因人而异，因地区、环境、气候等具体情况而异，不能生搬硬套，这样才能反映出文化风貌。若以流传海外之园林而言，也可选用反映花木性格内涵、歌颂其花姿树容等为主题的诗词，或反映友谊等内容的诗格，进行配置形成真正能体现出文化传统的植物景境。现简要分析苏州园林中按"诗格取裁"或"诗言志"，或"诗缘情而绮靡"的植物景境配置的手法、特点于下，以供参考。

一、按诗格反映春景的景点

　　春色繁荣，赏春诗文最为丰富，可供取材的内容也多，可选取其一作为景点命名，或自行作诗题词命名园景，然后选用与诗情相配的植物，配置在适宜位置上，也有先选定适当和喜爱的植物配置妥当后，赏看之余题取景名的。

1.南雪亭

位于怡园中部，有廊连接西北侧主厅锄月轩，轩南有空地一方，在其西叠石包土似山坡状，坡上点峰石三、四，并植桐、朴各一如同林峦，但为表现主题，乃按杜甫"南雪不到地，青崖粘未消"的诗意，植梅数本于亭周，春季梅花花落，飘在峰石山坡之上，真是"青崖粘未消"。植梅于轩前也应了"自锄明月种梅花"的句意。梅林之隙又点植了月季，山坡边缘悬崖上几丛迎春。早春"暗香浮动月黄昏"，继而"迎得春来非自足，百花千卉共芬芳"（宋·韩琦），确是赏春之处。

韵胜格高的梅

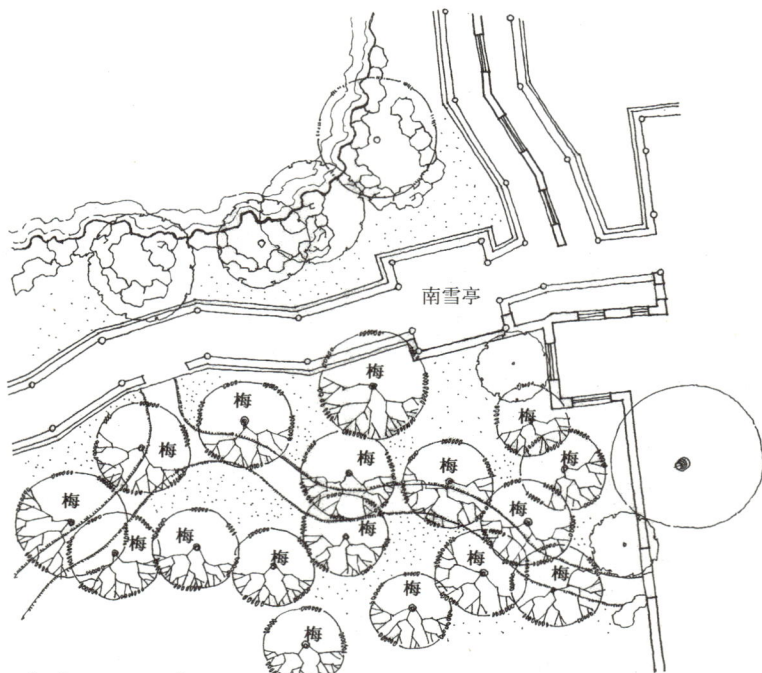

怡园南雪亭平面图①

①关于平面配置的一些说明：这些平面图的绘制，目的是配置意图的表达，可是在漫长的生长演变过程中，或枯，或调整，或重栽，变化多端，但从诗格，画理以及实际位置看，现有景点的植物生长位置，多不尽如人意处，为方便读者参考，乃按较为理想状态（较规整的粗线条图）绘制了一些平面的植物配置图，是抛砖引玉，希望读者提出批评与建议，由此增添对植物景观的关注与兴趣。

怡园南雪亭

狮子林问梅阁

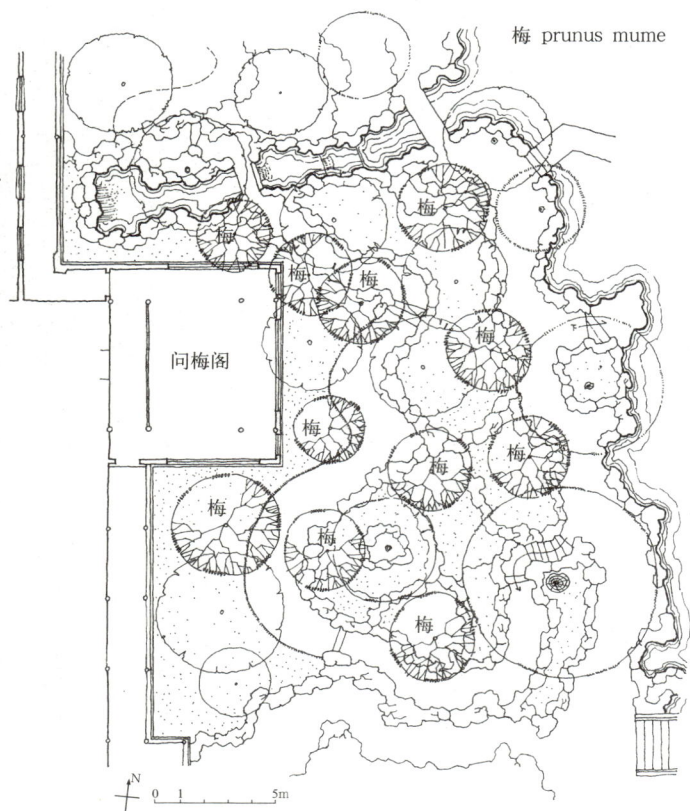

梅 prunus mume

问梅阁

问梅阁平面图

2.问梅阁

问梅阁是狮子林中部山丘上的赏春用建筑。阁东向,早晨和煦阳光射入阁中,使人联想起王维的名句:"来日绮窗前,寒梅著花未?"

于是,植梅于东窗之下,早晨日出便可映照疏影,送入暗香,报告春讯,所以阁中悬"绮窗春讯"匾额于正中隔扇之上。在这样的主题下,不能疏植一两本,而应采用计成所写的"栽梅绕屋"的手法,在阁周遍植梅花,并用海棠、构骨冬青、夹竹桃等相配,使繁荣春色并以常绿树相配景。问梅阁是20世纪初,由贝氏购园后疏浚湖床,堆积淤土后扩大了土丘,于是建阁植梅形成景点。如果诵读王维此诗全句:"君自故乡来,应知故乡事。来日绮窗前,寒梅著花未?"可以告慰贝氏后裔,狮子林在人民管理下正日益焕发其青春,景点依旧,寒梅正盛!

狮子林暗香疏影楼

3.暗香疏影楼

顾名思义便知是从林逋《山园小梅》诗中集句而命名的景点。因此,梅花是配植时的主栽树,梅树"贵稀不贵繁",重视格调与气韵,如果缺乏文气,体现不出意境,那么就不成其为文人造园了。因此,这里的植梅与问梅阁前就迥异其趣,这里应疏朗简洁，依稀数株，浅水一泓，体现出诗意即可。此楼位于问梅阁之东北方，大水体的北缘。

4.雪香云蔚亭

以赏梅为主题的景点尚有拙政园中部，湖中"石包土"的山峦上，散植一片梅林，林中有道通往山头一长方形小亭。因在梅林中建亭，又都在湖中岛上，位置极佳，梅林之北尚有乔木散生成林，隔湖南望是园中正厅远香堂，亭与堂可互为对景。因此命名此亭为"雪香云蔚"。

雪香云蔚之诗格何在？据《拙政园志稿》（1986年版）解释：雪香是从唐代韩偓《白菊》诗"正怜香雪飞千片，忽讶残红覆一丛"，宋·苏轼《月夜与客饮杏花下》诗"花间置酒清香发，争挽长条落香雪"等诗意启发而来，香雪是对梅花洁白的描绘，宋代卢梅坡《雪梅》诗中便把梅与雪互比，"梅须逊雪三分白，雪却输梅一段香"，"香雪"二字正是梅花的绝妙形容。"云蔚"则直接引自北魏郦道元《水经注》："交柯云蔚"。《世说新

拙政园雪香云蔚亭

被宋人卢梅坡称之为"梅须逊雪三分白，雪却输梅一段香"的梅景成为春的讯息，大地复苏的象征——拙政园雪香云蔚亭之"雪"景

梅 prunus mume

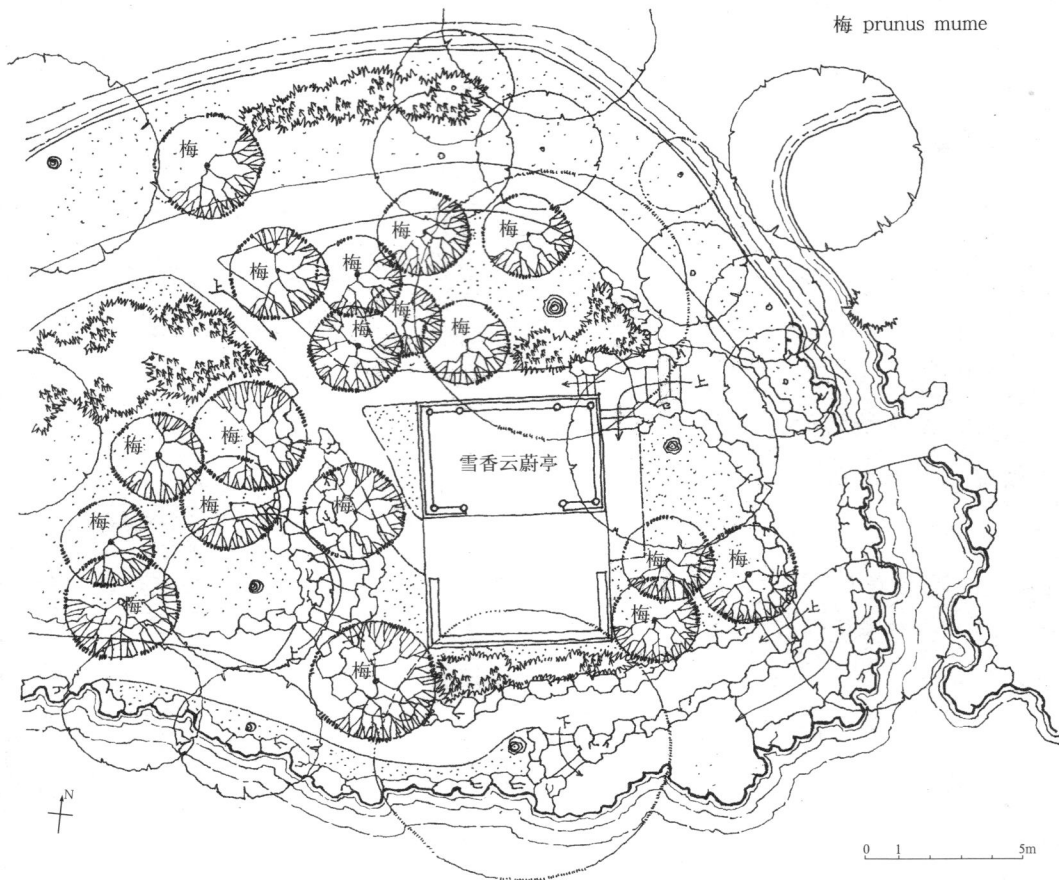

雪香云蔚亭平面图

语·言语》中，顾恺之描摹会稽山川美景也有"云兴霞蔚"句，"雪香云蔚"便是对梅花洁白茂盛的概括，正如苏州郊外著名赏梅景点"香雪海"一般，这里梅景可观，因此在配置时要有数量，使之成林。从景观而言，这里西南面有小桥一曲通向陆地，东北面复有曲桥一弓与另一小岛相连。雪中赏梅如同明代沈周《踏雪寻梅图》中题诗那样："知君宜静更宜闲，常采梅花湖山上。领取清香三百斛，小桥流水日斜还。"真是梅景宜静。

　　从上述四例梅花为主的景点，看梅的栽植配置形式全从诗格而定，"雪香云蔚"亭周的梅花，从诗意看应较丰富，又因其在湖山岛上，故用《园冶》中所说的"锄岭栽梅"的传统方式。由此可见同是梅景，又因配置不同而风格迥异，使人百看不厌。园中植梅，以梅为景，应时赏梅，诗文赞梅，已成为我国文人的雅举，成为一种文化传统。

5.兰雪堂

　　兰雪堂位于拙政园东大门进口庭院中。兰是指玉兰，该部分是原归田园居之旧址，据园主王心一所作园记记载，兰雪是取李白"春风洒兰雪"句意而命名的。

玉兰早春先花后叶，满树白花如同积雪枝头，沈周为之写七绝道："翠条多力引风长，点破银花玉雪香。韵友自知人意好，隔帘轻解白霓裳。"点出了银花如雪。文衡山也有句道："绰约新装玉有辉，素娥千队雪成围。"同样赞赏了花姿的雪白如玉、绰约多姿。

为了体现花白如雪，栽植不能太少，也应有较多的花量。拙政园的技术人员在恢复这一景点时，深谙诗意，在堂周对植4株外，更在檐前对植2株。"春风洒兰雪"的意境由此而得以充分体现。这里采用了较少见的对植、列植形式，是因地形较规整，又因在大门之后，厅堂之前，不得不将主景树作规则种植，隙地再辅以白皮松、黄杨、天竺，并点植湖石一二，严整中添了一些轻松。也呼应了"独立天地间，春风洒兰雪"的内涵，王心一更是借诗意寄托

拙政园兰雪堂

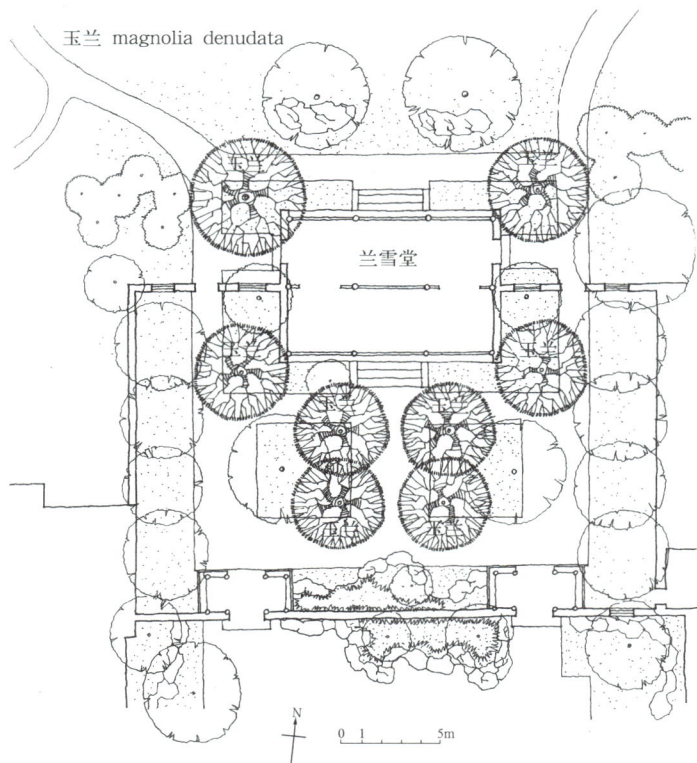

玉兰 magnolia denudata

兰雪堂

N   0 1   5m

拙政园兰雪堂平面图

他对自身价值的评价，独立的人格正像玉兰一般的高洁。

与兰雪堂同样以玉兰为主景的是拙政园中部的玉兰堂，玉兰堂是园中用园墙分隔成的封闭式的小庭院。院中筑树坛栽玉兰，树下配植大丛天竺，少量慈孝竹，边缘栽鸢尾等。如同一大型盆景展现在堂前，显得简洁轻松，却又楚楚可怜，尤其是天竺红果极富姿色，且在春节前后缺花季节红艳，增添了小院冬季的暖意，夏季枝枝绿竹，也给人送来了

春风洒兰雪

素娥千队雪成围

清凉。所以，取材虽少，手法也很简单，效果却很好。

6.海棠春坞

位于拙政园中部，听雨轩之北面。从题额"坞"字的字义看，是指四周高、中央低的山地，这里便是指有围墙的园中园。这园中园的突出之处是春。唐代羊士谔在《山阁闻笛》诗中有"山坞春深日又迟"之句，取名"春坞"显然是为了要将小园布置成春日赏景之处，且在玉兰为景的早春景观之后，应选一些仲春之花，可以与早春景观相衔接。但在众多的春花中选什么花才能合于该园条件和题意？从宋·沈立援引宋真宗皇帝御制杂花诗十题看，海棠被列为第一，且认为足与牡丹抗衡。

金代元好问《海棠》诗便作了解释，诗道："妍花红粉妆，意态工妖媚。窈窕春风前，霞衣欲轻举……。"苏东坡认为"桃李满山总粗俗"，只有海棠才是"嫣然一笑竹篱间"，不像桃李那样"粗俗"，自然有条件配置在此小园中了。海棠的花期也正合仲春之季，宋真宗皇帝《海棠》诗写道："春律行将半，繁枝忽竞芳。"唐代李绅赞美它的姿色是："寄语春园百花道，莫争颜色泛金杯。"看来海棠真有超越百花之姿色了。于是只栽一株二株也就可以像陆游所说"一枝气可压千林"而达到"姿色占春荣"（王恽）的繁荣景象了！

目前只在此小园的空隙栽了西府、垂丝、贴梗三株海棠和一丛绿竹，花时便是红粉妍花、意态妖媚占尽春光，使小园充满了春坞的氛围，完全体现了"海棠点点要诗开"（陈与义）的意境。这是"按诗格取裁"以少胜多地在小空间中用少量植株，达到覆盖面较大的一种极具典型的配置实例；也即是空间效果在诗意的辅助下，得到充分发挥的一例。

走笔至此意犹未尽地再将唐代郑谷《海棠》七律，作为赞誉之小结："春风用意匀颜色，销得携觞与赋诗。 丽最宜新著雨，娇娆全在欲开时。莫愁粉黛临窗懒，梁广丹青点笔迟。朝醉暮吟看不足，羡他蝴蝶宿深枝。"

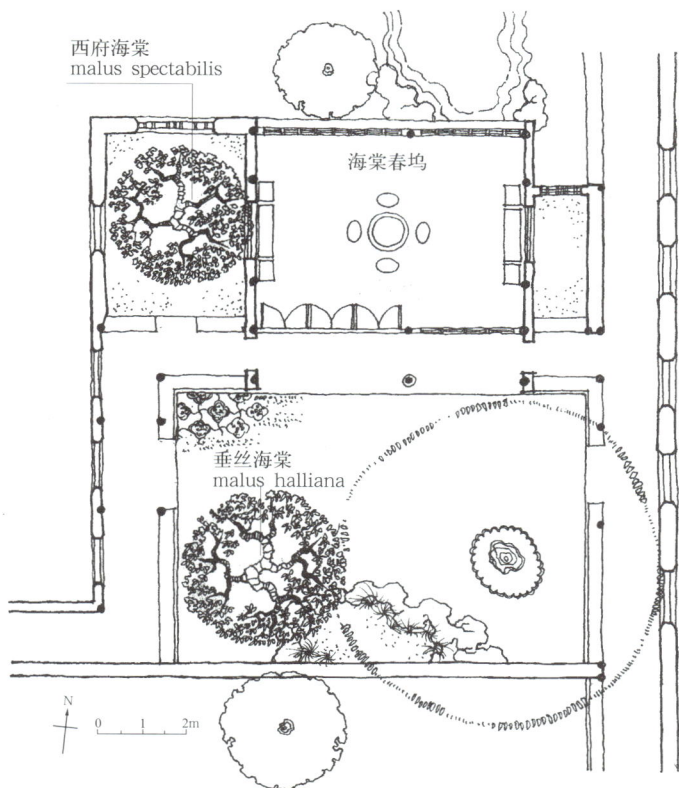

拙政园海棠春坞平面图

娇娥全在欲开时

二、按诗格反映暑意的景点

1.芙蓉榭

位于拙政园东部,进门后经兰雪堂北折便是,由原归田园主王心一根据《尔雅》"荷·芙蕖",别称芙蓉而命名此临水水榭为芙蓉榭。晋代夏侯湛《芙蓉赋》:"临清池以游览,观芙蓉之丽华",可见芙蓉之华丽自古被人欣赏。宋代丰稷《荷花》诗更点明了赏景

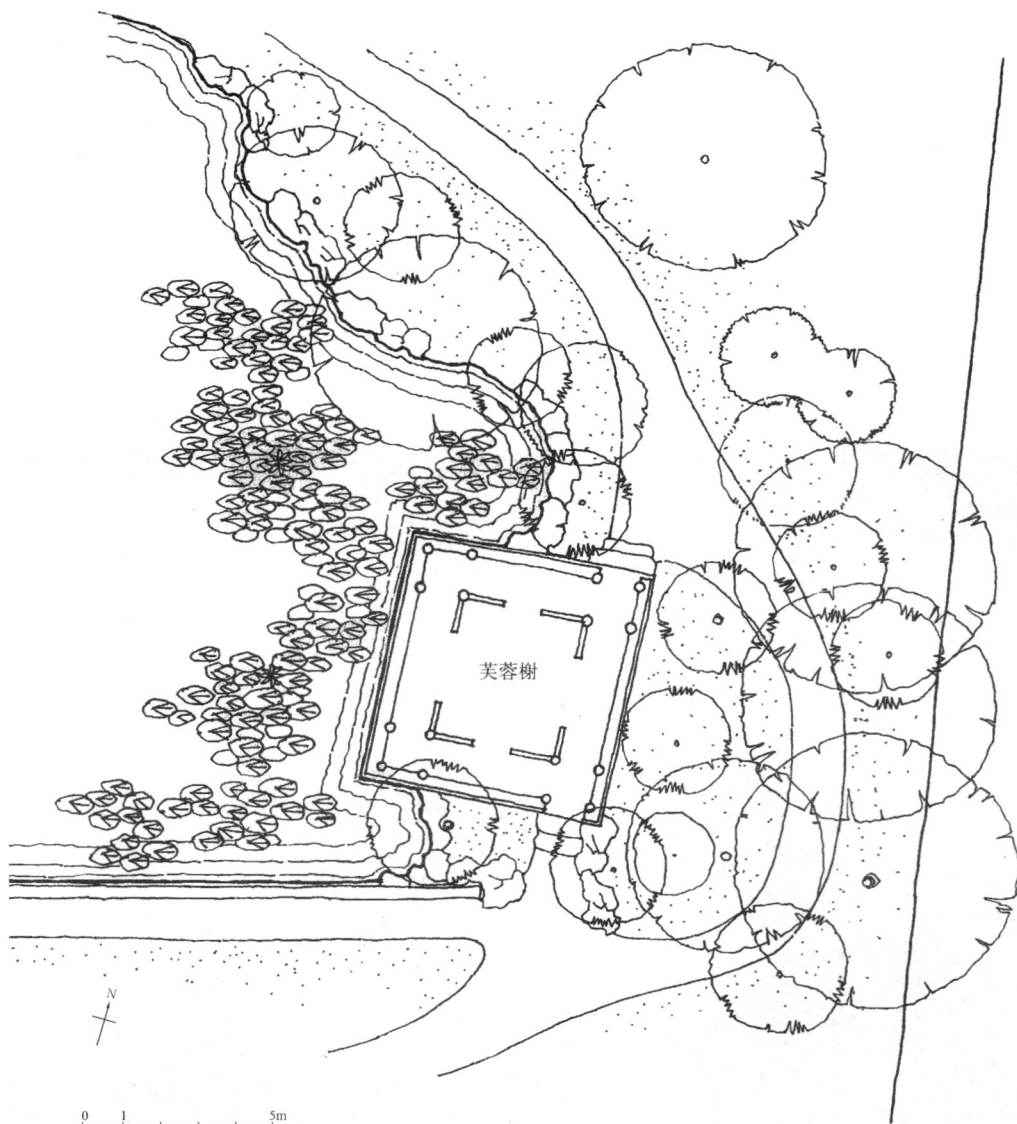

拙政园芙蓉榭平面图

芙蓉榭写生

之季节，诗道："桃杏二三月，此花泥潭中。人心正畏暑，水面独摇风。"作为夏景而在水面植荷，可称是自古而然。

植荷宜稀，所谓"田田八九叶，散点绿池初"（李群玉《新荷》）。叶隙见水可免单调沉闷，散植依稀反觉池面宽阔。植高柳于池边以利夏日遮阴，今芙蓉榭边更有香樟等大木，有浓阴却暑。

拙政园芙蓉榭

拙政园荷风四面亭

沧浪亭藕花水榭

2.荷风四面亭

这里荷景环绕，开阔透风，置亭路中水边，晨起清风阵阵，散发着沁人荷香，可以消夏，可以却暑。该亭位置恰当，景观得宜，可称是夏日胜景。

3.藕花水榭

植荷赏景是苏州园林的特色，凡有水面的园林都有赏荷景点。沧浪亭沿门前小河，被称作近借水景的河道，因近年已不通航，故也被利用其植荷赏景，沿河水榭便命名为藕花水榭。花时，一片荷景，蔚为壮观。

4.嘉实亭

在"格高"、"韵胜"的梅花之后，复有魏武赖以解行役口渴之梅实可供赏玩。黄庭坚有诗道："要知春景深和浅，试看青梅大几分。"眼看梅果成长，确有领略自然的情趣。当元代马臻十分悠闲地欣赏着梅子的成熟时曾写诗道："午睡醒来春事晚，枝头梅豆已生仁。"这种时刻观赏着梅果的发育成熟，不是亲身经历者难以领略。所以黄庭坚《上苏子瞻》中有句："江梅有佳实，结根桃李场。"因取其义而命名该梅树旁赏梅小亭为

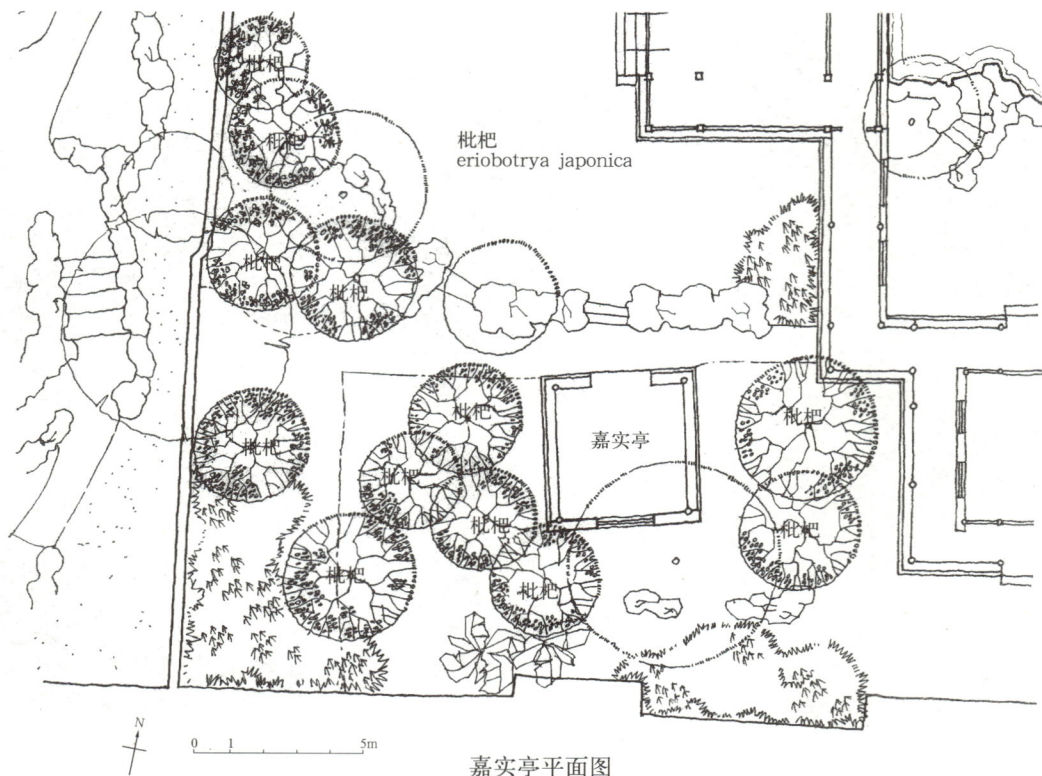

枇杷
eriobotrya japonica

嘉实亭

枇杷

N

0 1 5m

嘉实亭平面图

嘉实可啖

"嘉实亭"。亭边梅树品种以结果者为主。为使梅树结果良好，栽植宜疏，宜植高爽之处，宜通风良好，宜修剪管理适时。今拙政园嘉实亭不见梅树，却代之以枇杷，不知何故？最后建议园方：在嘉实亭旁还是更换几株梅树为好，不知读者诸君以为然否？

5.枇杷园

园名出自宋·戴复古《初夏游张园》的七绝，诗道："乳鸭池塘水浅深，熟梅天气半晴阴。东园载酒西园醉，摘尽枇杷一树金。"这首诗既点名了枇杷园的诗意，又呼应了枇杷、梅子成熟季节适逢江南梅雨时的阴晴不定天气，也兼叙了这二处初夏时的盛景。

枇杷园中的"金弹"（沈周、吴昌硕）高悬枝头，飞鸟啾唧绕树啄食，正是城市中的山林，清丽中的繁荣，诗境中的野趣。在施工中注意到筑极富田园风光的梯田状树坛，即

鸟疑金弹不敢啄

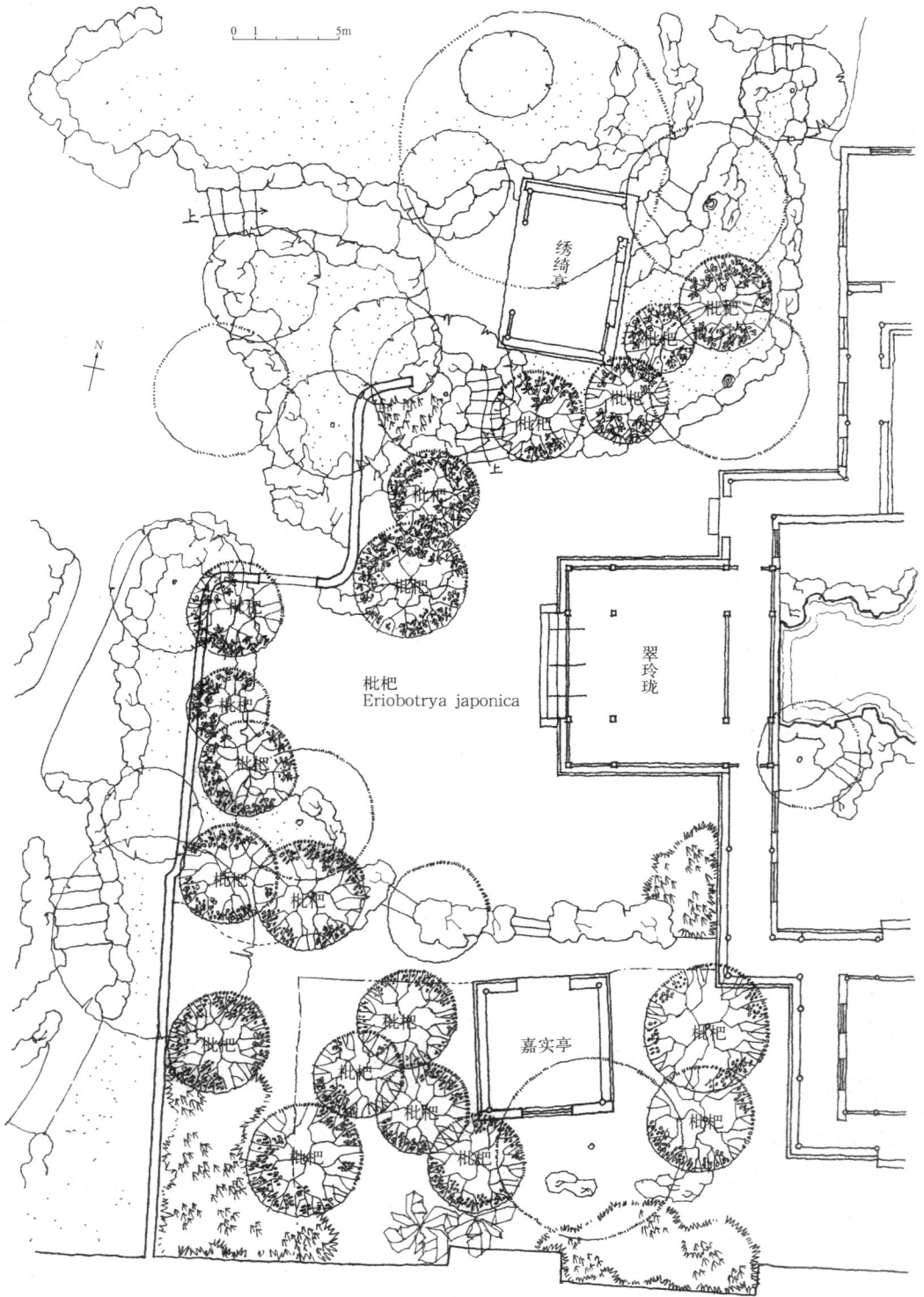

绣绮亭

枇杷

枇杷

枇杷

枇杷

枇杷

枇杷

枇杷

枇杷
Eriobotrya japonica

翠玲珑

枇杷

枇杷

枇杷

枇杷

枇杷

枇杷

嘉实亭

枇杷

枇杷

枇杷

枇杷

枇杷

枇杷

枇杷

枇杷

拙政园枇杷园平面图

错落地叠一皮湖石为栏并不砌筑。株距间隔较宽使光照充分，利于结果。这一山家园景着实倾倒了不少城市中的游园客。

6.翠玲珑、倚玉轩

都是以竹为主题的景点。前者是取苏子美"日光穿竹翠玲珑"，后者是文衡山"倚楹碧玉万竿长"的诗意而指导着配置意图。

翠玲珑是沧浪亭后部一座极幽静的庭院，因该庭院较为独立，故以单一的淡竹群植成林，无一株其他植物配合其中，夏日在竹林小坐，丝丝日光经竹叶中透入，真是清凉悦

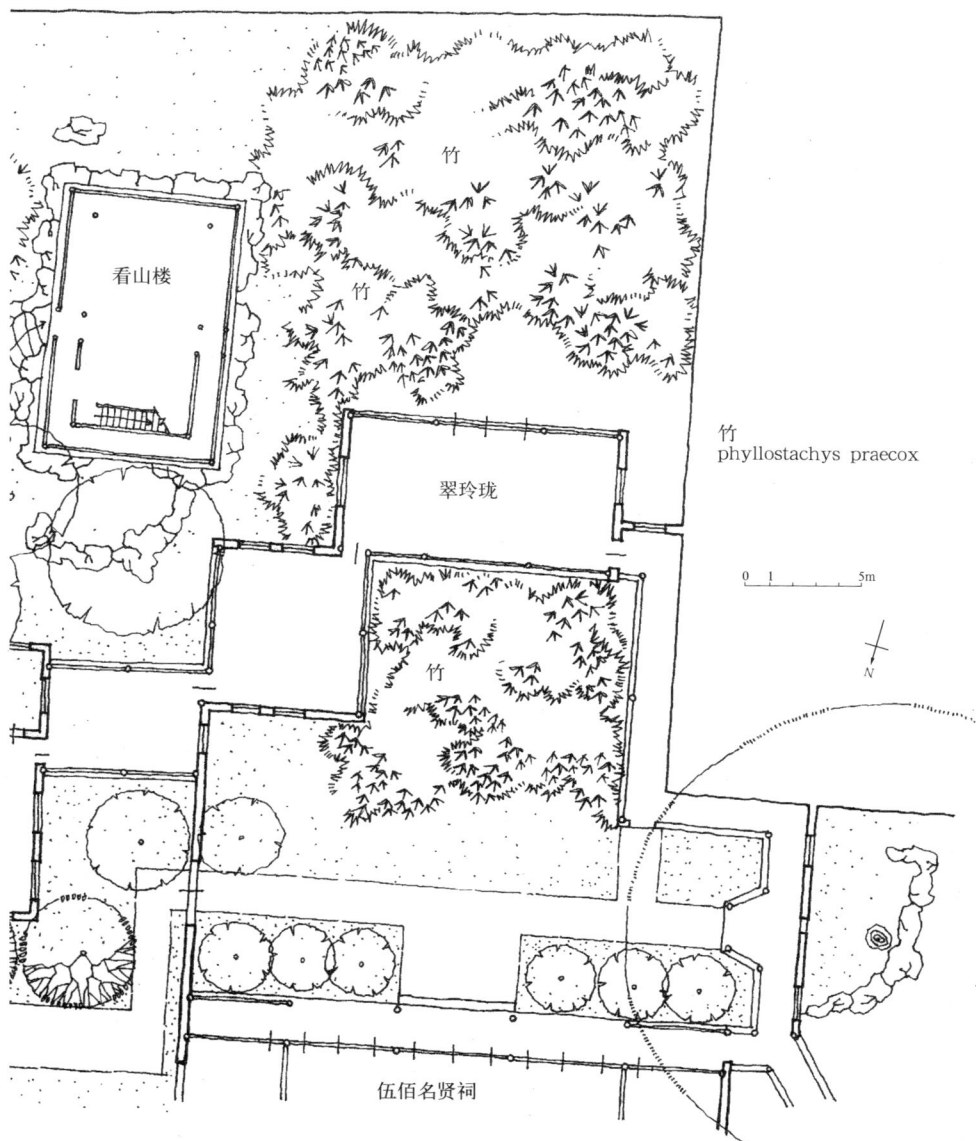

沧浪亭翠玲珑平面图

日光穿竹翠玲珑

拙政园倚玉轩之东立面

目，暑意尽消。而倚玉轩则因位于拙政园山水齐全的大空间中，周围乔木高耸，如果也用淡竹群植，则既受地土限制，又削弱了其他乔木的景观价值，更显得与环境不相协调。因此，只在轩之南窗前的隙地上，略事点植慈孝竹，以应"碧玉万竿长"的诗意。

这两处都是以竹为主景的景点，同样是 "按诗格取裁"，但诗意不同，所选地点，环境也就不同；倒过来说，因地点、环境不同，所用诗意也就不同，手法更是随之而异了。

7.听松风处

顾名思义是以松为主景的景点，位于拙政园中部小沧浪之东北侧。临水筑东南、西北向之方亭，亭东植松。取《南史·陶弘景传》："特爱松风，庭院皆植松，每闻其响，欣然为乐。"因命名此亭为松风亭，亭中悬一额：听松风处。

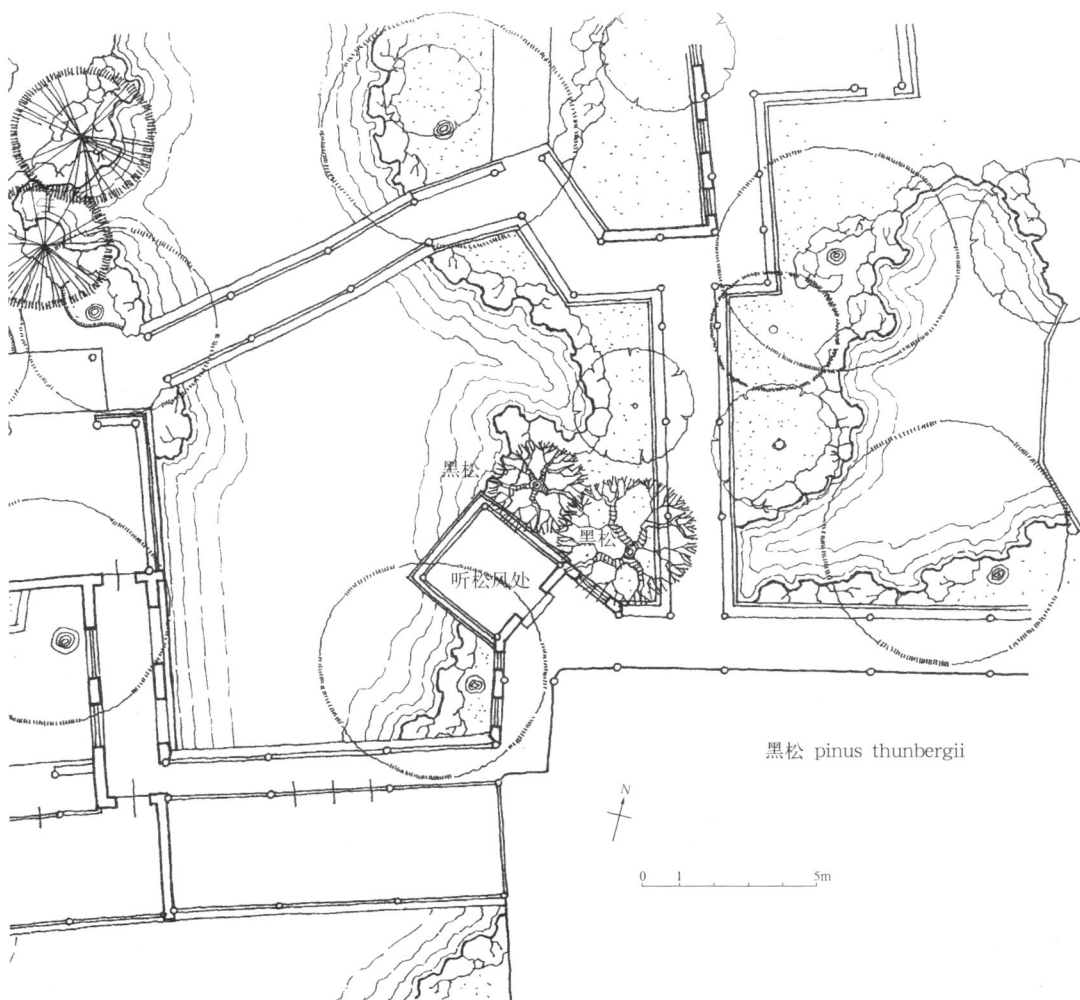

黑松 pinus thunbergii

拙政园听松风处平面图

陶弘景是有名的"山中宰相"，是熟黯药草、生物的名士，奉行老庄佛道，又杂有儒家思想。根据陶弘景爱松的典故而配植松树，一方面是因松树高洁，蒙霜雪而不变，植松正展示着人格的仰慕；另一方面也正说明植物配置的意，像陶弘景那样。各种思想兼收并

拙政园听松风处

蓄，只要有利于景观和陶冶情趣，都乐于采纳应用。从具体手法而论，既要听松风，松树宜较多，可仅见一株老松，新栽幼树仅起接班作用而已。实因地狭无法多栽，不能形成松涛。这说明了古典园林中植物配置的自由性和以少胜多、小中见大的写意手法的体现。听松风是不受季节限制的，秋冬风大，松声也必然响些，夏季响起松声自有一番凉意，令人心爽，因之看作夏景。

8.绿漪亭

这是拙政园中部北围墙前的田园风光小区。墙南竹篱花径，桃红柳绿，更有绿竹漪漪，路南有小溪一泓，萍藻满布，游鱼或止息于萍藻之中，或浮游于绿荫之下。正应了唐代张率诗"戢鳞隐繁藻，颁首承绿漪"的意境，故在小溪之东端筑亭名绿漪。这是诗意在景色中体现，也是景色服从了诗意，也是引发了"诗缘情而绮靡"的写实。

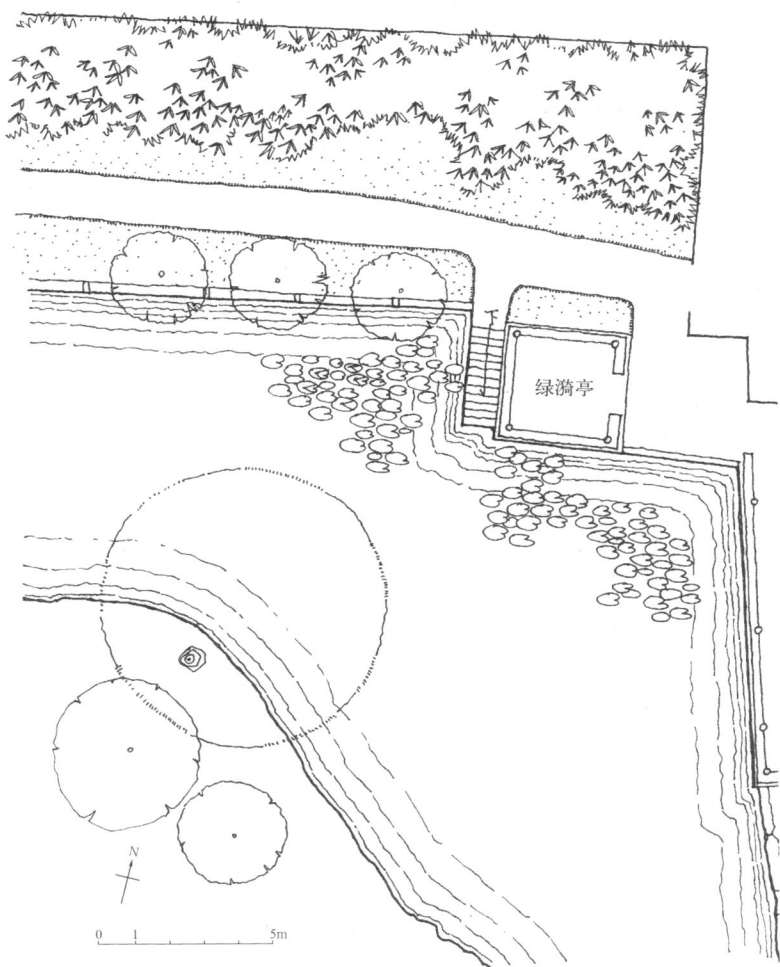

拙政园绿漪亭平面图

拙政园绿漪亭写生

绿漪亭前风光好

9.涵青亭

位于拙政园之东部，原归田园居中。亭前池水一方，池北隔路又是河，河之北为山。松、枫香在山头，河岸旁栽香樟、杜仲等乔木，又有海棠等花木组成了下层空间，上下参差，绿荫秀丽。地中萍藻浮翠，幽静舒适。乃取唐代储光曦"池草涵青色"诗意而取亭名涵青。该亭前之景与绿漪亭前同属绿树成荫、浮翠满地，极目清凉之地，最宜夏日小坐。诗情也均是描绘了绿色园景，成为喧闹中的清幽空间。

清幽空间——拙政园涵青亭

拙政园涵青亭写生

三、按诗格反映秋景的景点

1.梧竹幽居亭

　　位于拙政园中部山水大空间内。亭西一湾清流，浓荫蔽岸，亭之南北面均疏植慈孝竹与梧桐。这里环境幽美，池水清澈，金风送爽中如镜水面上，只见亭子洞门与月影相映成趣，在梧叶三五、修竹丛丛的衬托下，若有佳人吹箫亭中，便是"林中玉竹，月下美人"的意境。故取唐·羊士谔"萧条梧竹月，秋物映园庐"的句意，题亭名为梧竹幽居。亭中悬对联一副："爽借清风明借月，动观流水静观山。"山水俱全，风月咸宜。

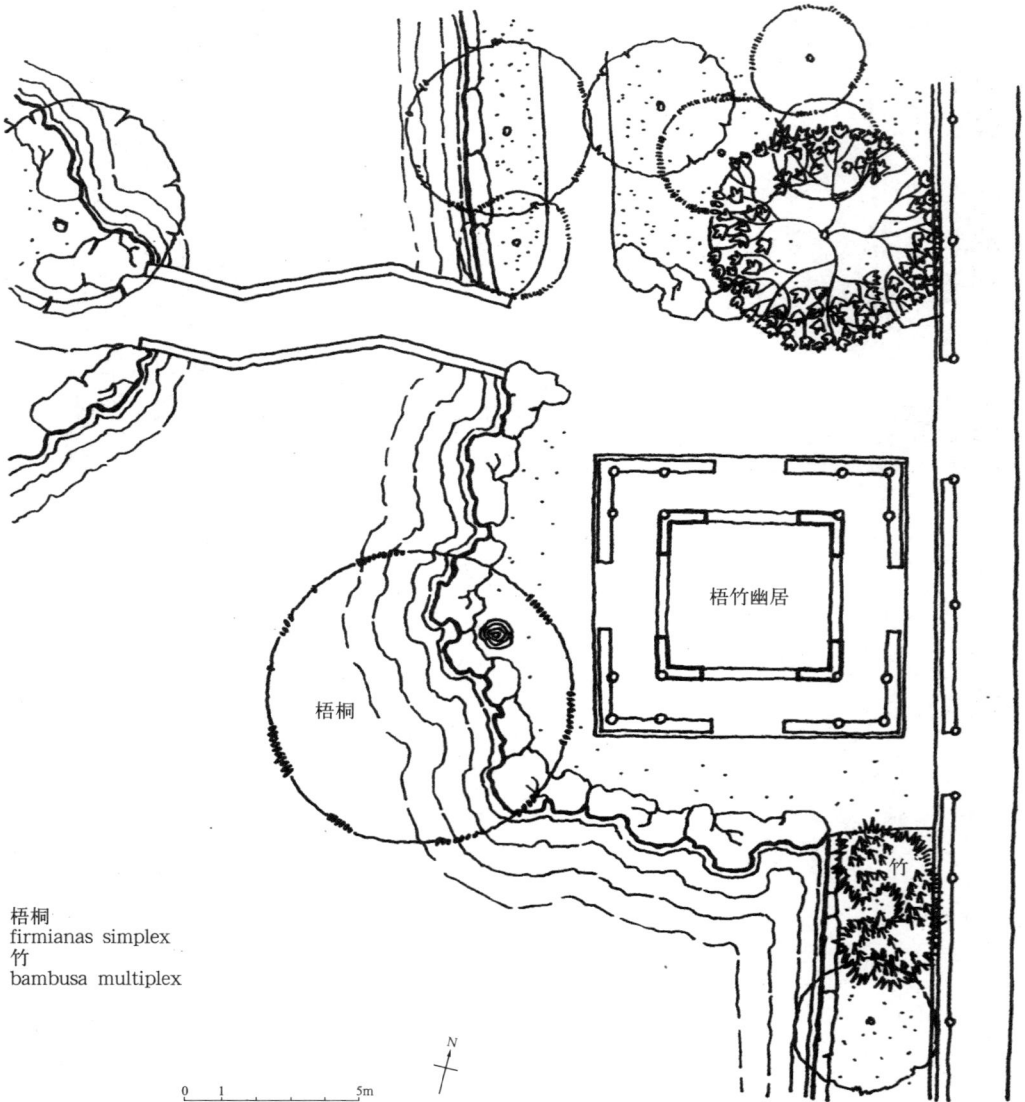

梧桐
firmianas simplex
竹
bambusa multiplex

拙政园梧竹幽居亭平面图

梧竹相间可以幽居

拙政园梧竹幽居亭写生

2.小山丛桂轩

网师园中部山水大空间之南，有黄石假山名云岗，山南有一轩，轩南复有湖石山坡呈曲折状，此山坡之南便是园墙，墙较高，山便成为阴坡，在此山坡间植桂，便依环境而选用《楚辞》中"桂树丛生兮山之幽，偃蹇连卷兮枝相缭"的辞意，将此轩命名为"小山丛桂轩"，成为主建筑。吕初泰《雅称》篇中也有："桂香烈，宜高峰、宜朗月，宜画阁，宜崇台，宜皓魄孤枝，宜微扬幽韵。"桂树间更杂

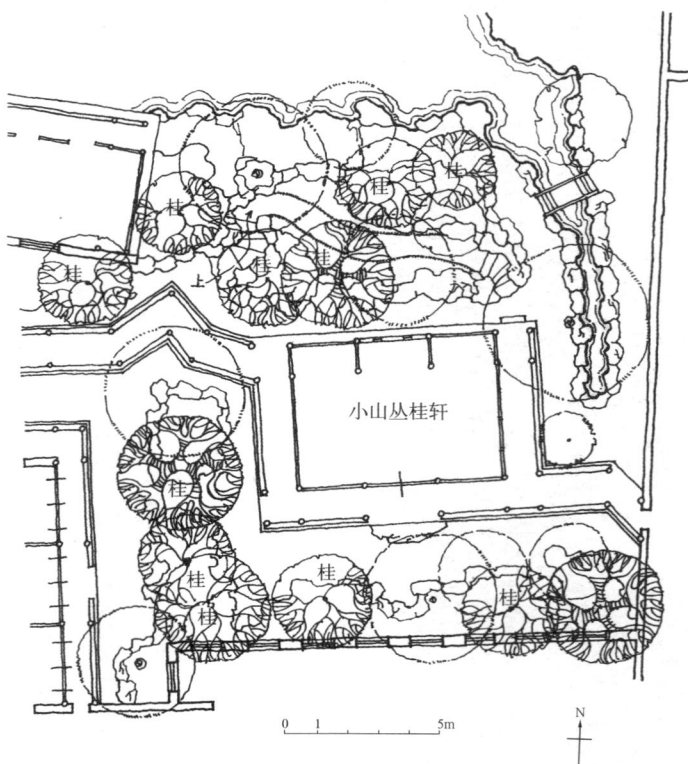

网师园小山丛桂轩平面图

香飘弥漫

以海棠、蜡梅、梅、天竺、慈孝竹等，一方面使其"枝相缭"，另一方面又丰富了冬春景色。

微扬幽韵

3.闻木樨香轩

留园"闻木樨香轩"周围虽也是山峦起伏，轩居坡顶，但因其山势迤逦，且呈东向，最宜植桂。该轩名取自宋代黄庭坚与高僧晦堂的对话。（《五灯会元·太史黄庭坚居士》）庭坚晚年信佛但学禅常不悟，遂问于高僧晦堂，晦堂诲之曰："禅道无隐乎尔者，全在体味中。"但庭坚仍不得其要，一日，晦堂趁岩桂盛开时与庭坚同行于山中，问庭坚

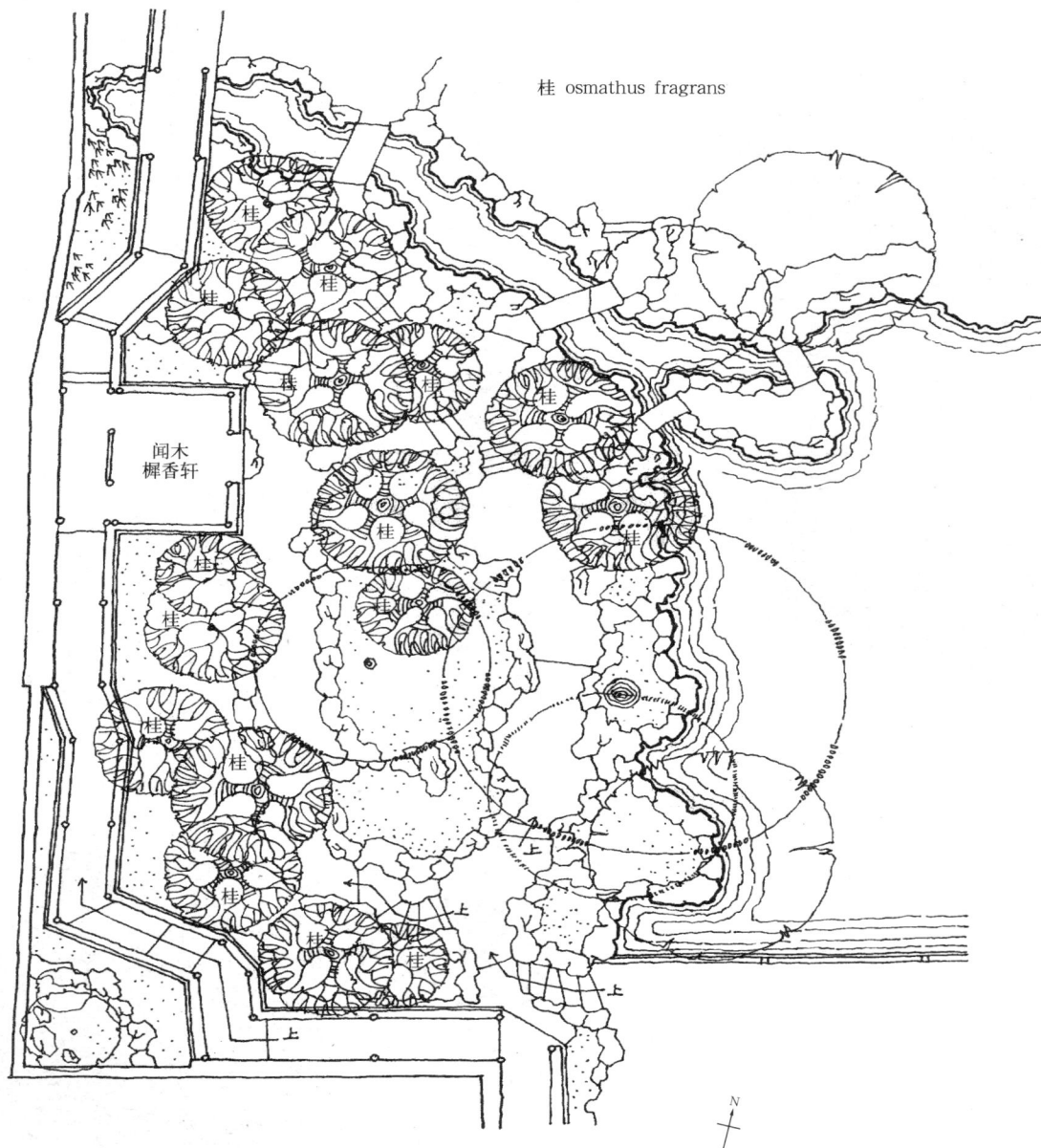

桂 osmathus fragrans

闻木
樨香轩

N

留园闻木樨香轩平面图

曰："闻木樨花香么？"答曰："闻"。接着晦堂解释道："禅道如同木樨花香，上下四方无不弥漫，所以无隐"。庭坚始悟。花香与禅理互比，贵在细细体味，既把木樨花比作玄妙的佛学，更表达了花香在五维空间广为传布，有小中见大的效果。

这里有必要提一下留园闻木樨香轩东的桂花，正在被日益盛长的大香樟所压抑，生长日衰，理应将香樟移去，使桂花能见阳光，以利保护这全园唯一有典故的景点。但却有人机械地认为历史文化遗产单位就是不能动一草一木，只能眼看这一景点的日益衰退，悲夫！

4.清香馆

沧浪亭中的清香馆，南有较大建筑五百名贤祠，北有主体大假山及回廊，只有馆北有一曲空间可以配置桂树，环境较为闭锁，花香不易散佚。北宋才女朱淑真，她面对书室中仅有的一枝桂花瓶插，更是情有独钟地写了七绝盛赞其芳香，诗道："一枝淡贮书窗下，弹压西风擅众芳。十分秋色为伊忙，人与花心各自香。"在体味秋意正浓中把自身也融入了花香之中。因按李商隐"殷勤莫使清香逸，牢合金鱼锁桂丛"句意，题此客厅为清香馆。

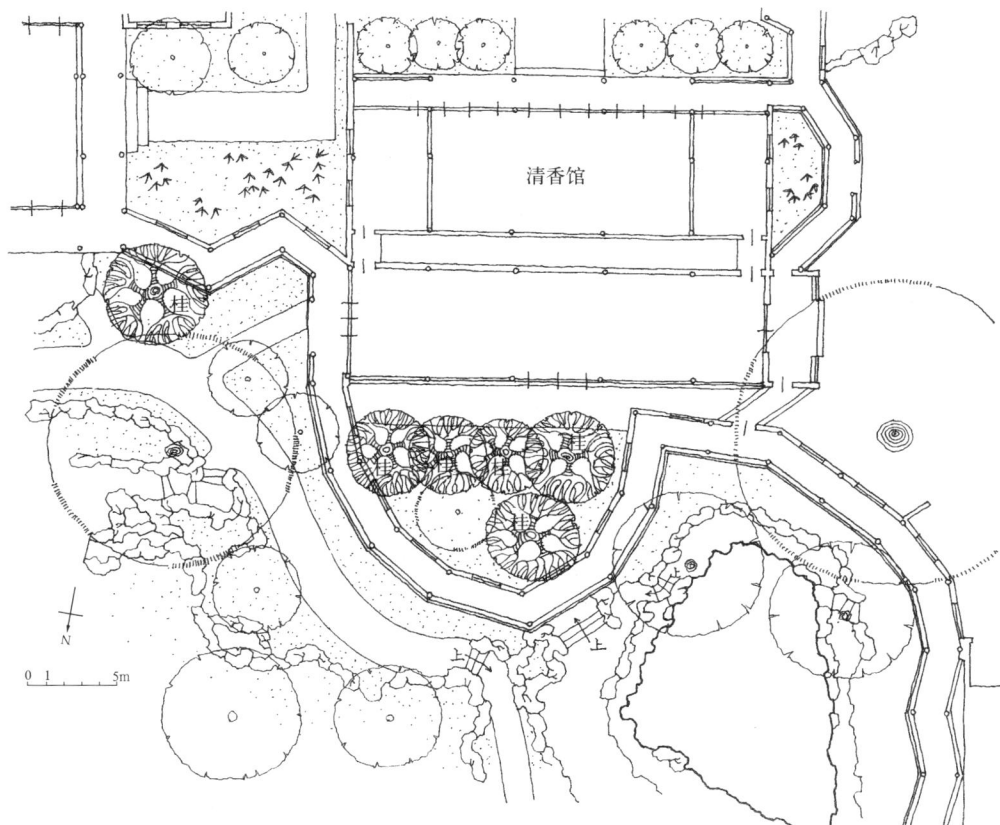

沧浪亭清香馆平面图

沧浪亭清香馆

5.金粟亭

怡园中的金粟亭则又是另一意境,此亭在水池之东,周围较开朗,又无高树阻挡,金粟吐香时恰逢赏月佳节,在团月之下,有芳香袭人及"何须浅碧深红色"(李清照)的桂花伴随着人们,便添了几许赏月情趣。唐代李郢《中元夜》诗中有"金粟栏边见月娥"之句,正可借来描绘这金粟亭边的意境。亭名也就取自这一诗意了。同样配置桂花,选用

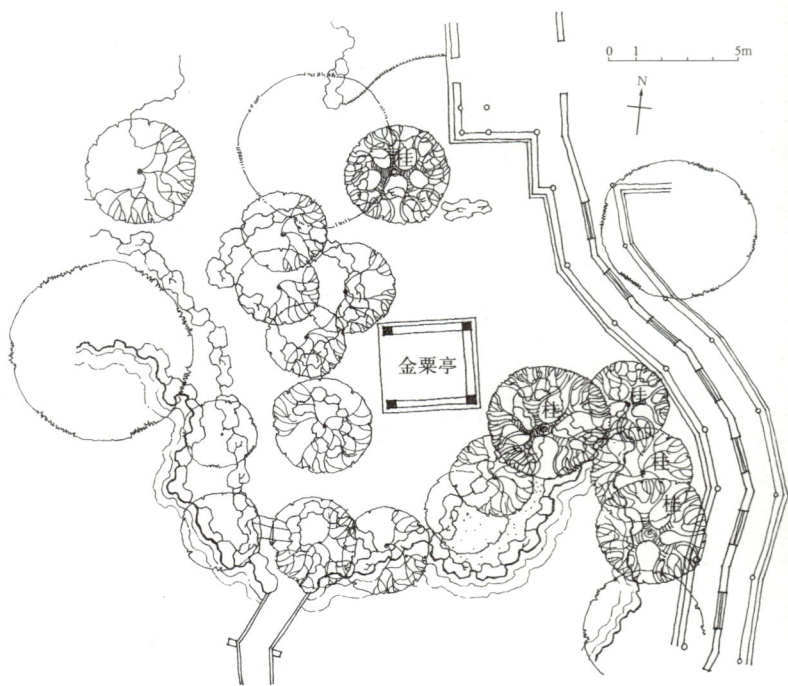

怡园金粟亭平面图

诗意不同，意境也随之不同，景观更是相随而异了。反之，不同的环境、不同的要求，即使同栽某一树种，也必须用不同的诗意来反映其不同的景观要求。这便是意匠中"意"的作用所在了。

需要提及的是民国时期诗人于右任在太湖旁赏桂后的一首七绝，在苏州传颂弥久。诗道：

怡园金粟亭

"老桂花开天下香，看花走遍太湖旁。归舟木椟犹堪记，多谢石家　肺汤。"

6.待霜亭

这是拙政园中部山岛上毗邻于雪香云蔚亭旁的一处景点，是秋季赏果之处。前曾说过士人们为能融合于自然，喜亲手莳果，尝新品味；同时，苏州园林又每喜以太湖及其周围景色为造园的"胸中丘壑"。这里正是湖中之岛，恰似太湖中的岛山一般，太湖山岛

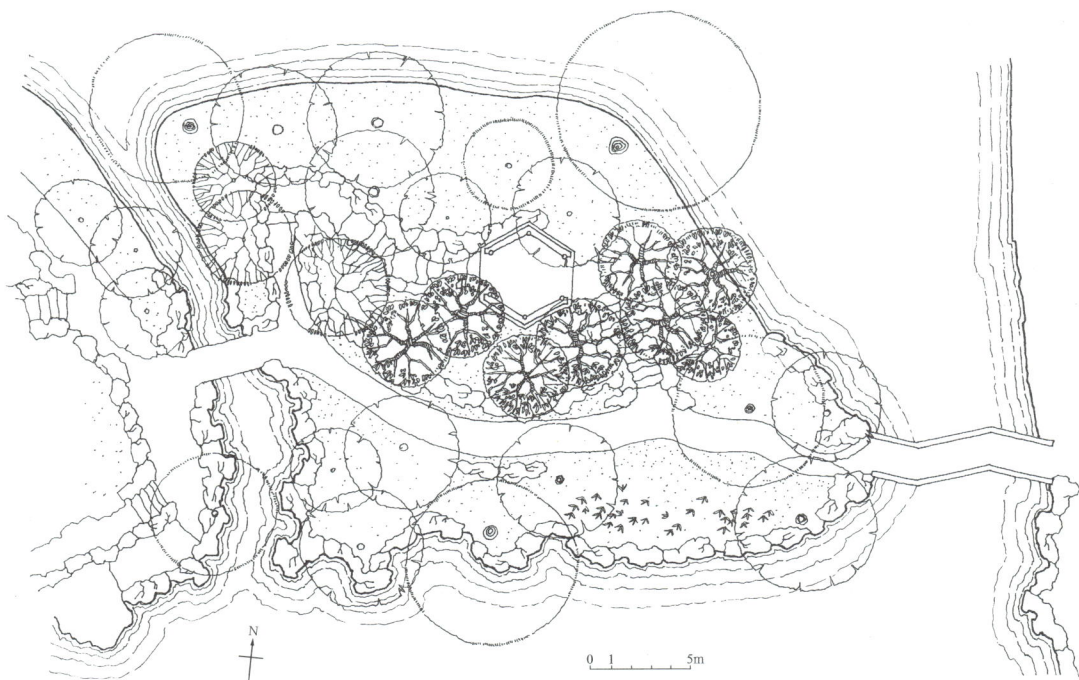
拙政园待霜亭平面图

拙政园待霜亭写生

拙政园待霜亭

中橘树山花，丛林灌木，野趣天成；这里是缩微了的湖中之岛，故在配置植物时也是花果俱全，灌丛齐备，西有梅花，东植柑橘，北面及山坡边缘遍布乔林。春花、夏荫、秋果、冬雪，自然意趣很浓。对于这样一个景点，必须选用一首切合实际的诗意，才能体现出配置时的"意"！于是，便从曾出任过苏州刺史的唐代诗人韦应物，反映太湖洞庭山柑橘的诗中摘句而命名。韦应物的七绝是："怜君卧病思新橘，试摘才酸亦未黄。书后欲题三百颗，洞庭须待满林霜。"待霜二字正表达了对柑橘成熟的殷切盼望，也说明了士人们日日赏玩的喜爱心情。必须指出的是观果性景观应该加强管理，诸如培肥、修剪等都要及时施行，否则就达不到目的。待霜亭旁的柑橘也因为受土质的限制，乔木的遮阴，修剪不及时，游人的损伤等客观影响，所以结果不良，达不到原来观果意图。

7. 秫香楼[②]

原属王心一的归田园居，筑此秫香楼目的是为了呼应园名。故这是一处极富田园风光，又较自然的景点。试看王心一《归田园居记》中有"楼可四望，每当夏秋之交，家田种秫，皆在望中"，具有"尘居何似山居乐"的意境（范成大《冬日田园杂兴诗》）。什么是"秫"？秫就是稻粟之黏性者，江南是指糯米，秫香楼之北隔园墙便是农田，当时是为北园[③]，田中秫米秋季成熟，自有清香缕缕，十分舒适。当时的农家还舍不得把新登稻

[②]秫香楼原是二层建筑，后毁，据20世纪50年代的记述，当时限于经费，恢复改建成平屋，作歇山四面厅，故改名秫香馆。
[③]苏州，旧有城南、城北两片空地，备作农田，菜园之用，一旦战事发生，依仗这些田地，可粮菜自给，坚守城池待援。其中田园的一部分曾被五代广陵王钱元璙用作池馆，后改为沧浪亭。南面称南园，北面称北园。今均发展为城市建设用地。

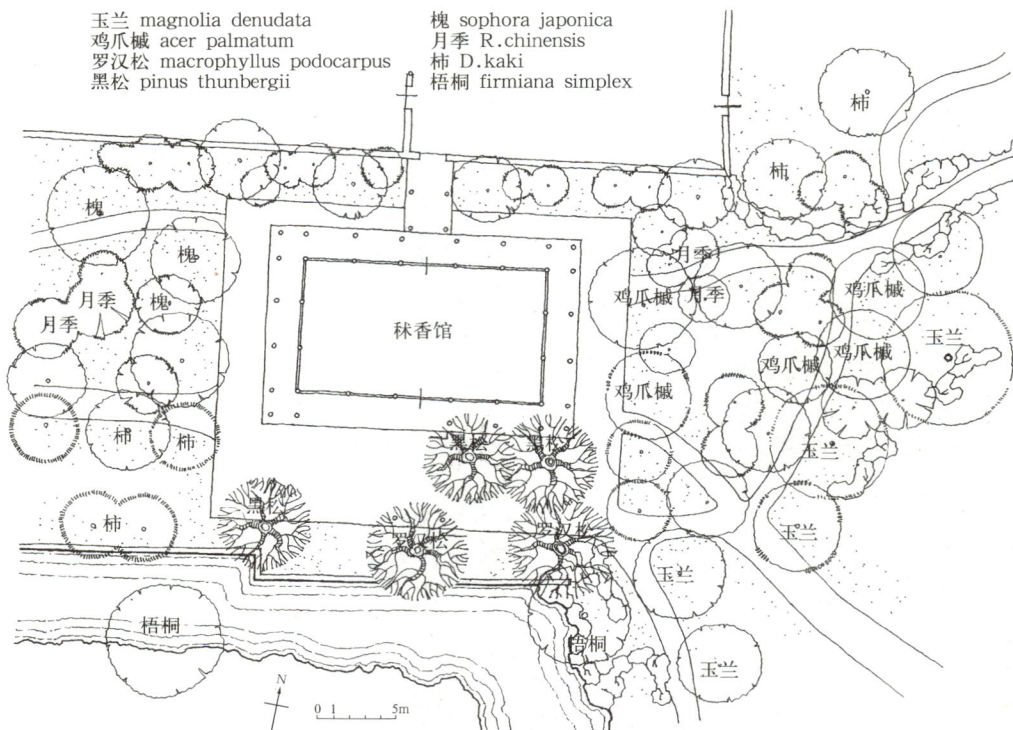

玉兰 magnolia denudata　　　　槐 sophora japonica
鸡爪槭 acer palmatum　　　　　月季 R.chinensis
罗汉松 macrophyllus podocarpus　柿 D.kaki
黑松 pinus thunbergii　　　　　梧桐 firmiana simplex

拙政园秫香馆平面图

拙政园秫香馆

场的稻谷运进城市，范成大曾有诗说："秫米新来禁入城"。好一幅农家乐图，可以想见楼南面是花木扶疏的园林，北面是清香的稻谷，岂不真正是城市中的"山居"。

于是，在这以田园风光为主题的秫香楼的东西两侧隙地，疏植乔林作配景性配置，选用黑松、罗汉松、梧桐、玉兰、柿、枣等乔木，又用蜡梅、鸡爪槭、月季、火棘、黄杨等灌木以及书带草、鸢尾、萱草等栽植于路边。层次、色彩、季相等均较合理，符合"优化树种组合"，空间结构合理。另外，路缘偶置湖石颇具山野气氛。楼南是土山，山上用丛植、群植的形式，用无患子、杜仲、槐、桂花、黄杨，以及大乔木香樟，组成自然混交林、高低、色彩等林相十分自然，深化秫香意韵。20世纪50年代修复时鉴于楼已全毁，限于当时经费，故改成平屋，并改称秫香馆。

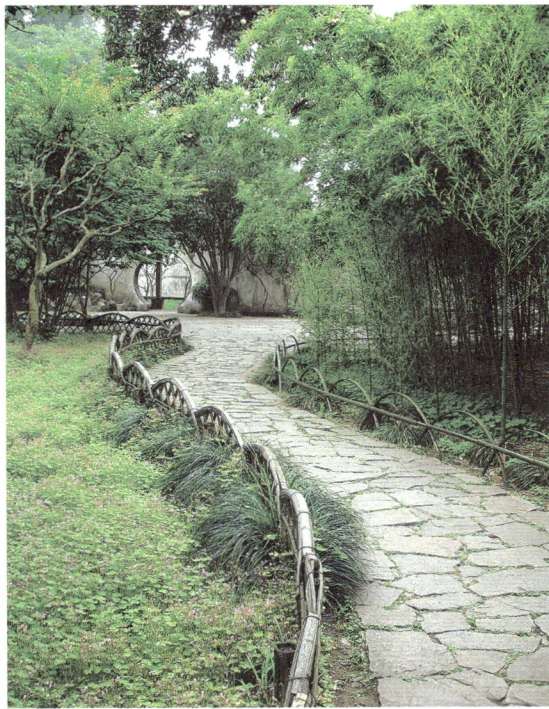

留园又一村入口　　　　　　　　　　　　　留园又一村秋景

8.又一村

　　留园山水主景区之西北侧，有园墙高耸，廊北四进处有一小门，出门向西行，树丛之西有一洞门豁然开朗，走向门外只见柳树与桃花间栽路旁，故取陶潜《桃花源记》和陆游的《游山西村》意境，取名为又一村，并悬额于洞门之上。这一春景规模极小，位置较偏，但在这序幕式的春景之西南，蕴藏着一处著名的秋色景点。该处是石包土的土山，四周被园墙包围着，土山之上杂植枫香、枫树类秋色树种。仲秋之后秋风乍起，树叶转色，在东部曲溪楼上西望，片片金黄，装点着秋景，成为"秋妆"。

　　走笔至此，想起南宋杨万里的《秋山》诗，正好绝妙地描绘了这里的景色："梧叶新黄柿叶红，更兼乌桕与丹枫。只言山色秋萧索，绣出西湖三四峰。"当然，这里是"西山"而不是西湖。

9.听雨轩

　　是拙政园中部的园中园，小屋三间，前后均有隙地一方，后院更有清泉一勺，前后均配置芭蕉、修竹，更有池荷绿映满院。芭蕉、荷叶均是绿叶肥硕，雨滴滴落叶上，滴答有声。人站窗栏边或漫步廊檐下，静听雨声细察景，最宜对弈静赏，室内也正好陈设红木棋桌一张，是应唐代李中"听雨入秋竹，留僧复旧棋"句意而设。宋代杨万里《秋雨叹》

拙政园听雨轩

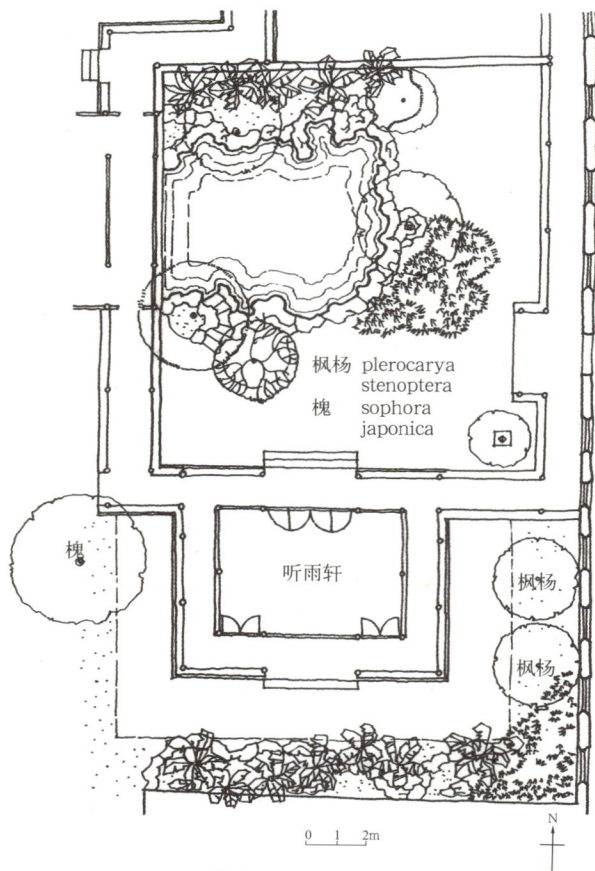

枫杨 plerocarya
stenoptera
槐 sophora
japonica

槐

听雨轩

枫杨

枫杨

0 1 2m

N

拙政园听雨轩平面图

也指明了雨景是在植物的配合下形成的。诗中有句："蕉叶半黄荷叶碧，两家秋雨一家声。"雨景宜耳听，故题此小屋为听雨轩。为使雨声清晰，蕉叶、竹叶、荷叶应使其肥大，故配置时应稍密，管理时应稍肥，周围宜静。美中不足的是抗日战争期间，园林失管，杂树丛生，池旁自生一株臭椿，现已成大树，遮却荷池大半，与原意极不相称。

10.留听阁

　　位于拙政园之西部，隔水与东南方主建筑卅六鸳鸯馆相望，西面跨小路有长林修竹，环境亦极清幽。在此特定环境下，水中植荷若同远香堂和芙蓉榭西面的荷花，作成赏花之景，就有重复厌烦之感，更乏新意。宜遴选别具新意的诗格，按诗格取裁荷景。乃选李商隐《宿骆氏亭寄怀崔雍、崔衮》诗意，另成一景。诗的第一句"竹坞无尘水槛清"，按此句意应配置竹子于水边，且环境清静无尘，这里已有稀疏竹林于路西，故可与诗意相近不必另行配置。接着写了"相思迢递隔

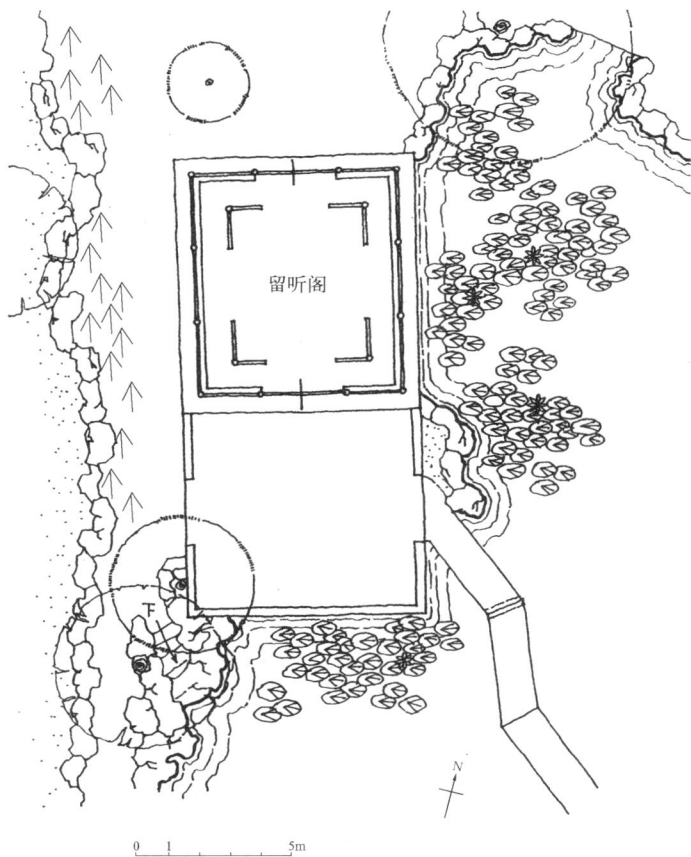

拙政园留听阁平面图

重城"，这句诗是作者对崔氏兄弟之怀念，与环境无直接联系。诗的后半首是："秋阴不散霜飞晚，留得枯荷听雨声。"这是诗格与配置直接有关的一句。秋天多阴初霜便迟，荷叶虽已枯黄由于无霜的打击，荷叶依然挺立水面，秋雨落在残荷之上，依然滴答有声，故取诗意题此阁为留听。经此诗意点出了该一局部的景观是何等的雅逸，当从阳光明媚、秋高气爽的中秋，转向秋雨连绵的季秋，在这水边虽无荷花的幽香，却领略了另一番景色，既非有水便植荷，植荷即看花的陈套，又丰富了雨日之秋景，这岂非诗格与荷叶之配合得体，取裁合宜。

　　枯荷已呈生长后期，难免萎缩因此栽植可密，使其满布水面。而远香堂前的荷花，恰与之相反，稀疏栽植露出水面，则水面有宽裕感，有小中见大的效果。这是配置之初及日常管理中都应注意的。总之，诗格不同，配置形式也就随之而异。

　　雨景宜在秋季，秋风秋雨秋声最是引人深思，也就给人更多的眷念和依恋！因景生情，情景交融，此时此地便能体味真切，从而增添了几许感怀。

拙政园留听阁北立面

11.乳鱼亭④

位于艺圃主景区，系明代遗构，20世纪80年代重修，亭呈四方形，坐东面西，亭前池水宽广，亭周浮峦暖翠，藤蔓满布，更有红枫点缀周边。池面宽广游鱼可数，荷花飘香，清代汪琬取庄子与惠子观鱼壕梁之上的典故，写诗道："碧流滟方塘，俯槛得幽趣。无风莲叶摇，知有游鳞聚。"王士禛也有诗道："幽人知鱼乐，为复知鱼汁。策策与堂堂，宛有江湖意。"

艺圃乳鱼亭写生

这四句诗都记叙了池水的宽广和游鱼的从容，如同古人之知"鱼乐"也。

艺圃乳鱼亭

④从字面讲，乳鱼是幼鱼、喂鱼之意。

四、诗格与"比德"兼备的景点及其配置形式

诗与德行相依，诗情并茂，诗与"比德"融合一体是必然的联系，也是"诗言志"的反映。园林中这种互相结合而反映在景观上的也很多，以下几例便是典型。

拙政园远香堂写生

拙政园远香堂北立面

1.远香堂

拙政园中部的主体建筑。北有大水面，水中有小岛两座，岛山上筑亭，景色秀美。水面植荷，荷花成为该建筑的主景，植荷宜稀。宜偏于一侧，原因已于前述。根据荷花的"比德"属性，命名该主建筑为远香堂。这里虽以荷花清高为首选，但咏荷之诗又何止百千，所以"言志"与"缘情"是互通与兼备的。

2.得真亭

拙政园中部，远香堂之西南，隔小飞虹而西，有一方亭面北，前有隙地种植桧柏（圆柏）四株，此四株圆柏便成此亭之主景。园主以此作为寄寓心志之所系，用柏树经霜不凋的坚强性格以自勉，因取左太冲《招隐》诗中名句："峭蒨青葱间，竹柏得其真"，而命名此亭为"得真"。并悬"松柏有本性，金石见盟心"对联于墙上。采用植物的"比德"属性而作为配置中的意，是与园主的修养有关的。

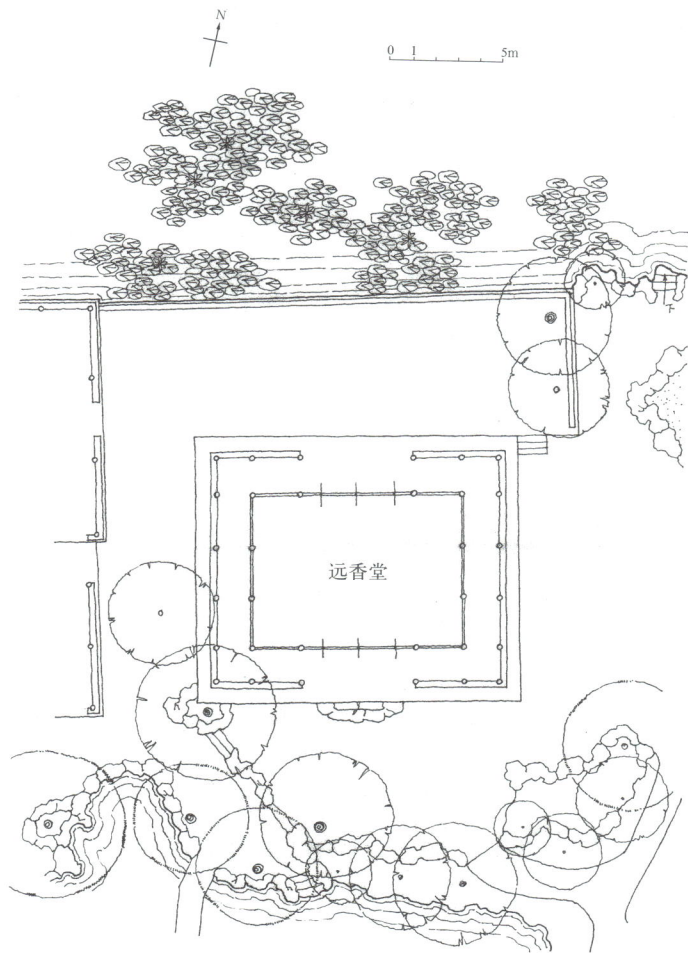

拙政园远香堂平面图

拙政园得真亭

同样在留园五峰仙馆屏门上有一副由清末状元陆润痒写的对联,十分贴切地把四书五经与花木作了相应的联系,从而表白了主人的心志。对联是:

读书取正,读易改变,读骚取幽,读庄取达,读汉书取坚,最有味卷中岁月。

与菊同野,与梅同疏,与莲同洁,与兰同芳,与海棠同韵,定自称花里神仙。⑤

这对联既是把经典名著与花木相对应,又反映了梅、莲、兰的"比德"属性,菊之悠野个性,引发了雅趣映情,至于以韵胜的海棠,本是风姿艳质墨客所钟。而最根本的还是园主的宇宙观、审美观与心志的契合,最终反映到园中景观的塑造和植物材料的运用。

其他尚有一些景点虽不是直接取自某一诗句,不能算是按诗格取裁。但却充满了文气,景观与景点题额十分贴切,经得起推敲,如拙政园十八曼陀罗花馆,怡园之锁绿轩等。又如拙政园中临水而建的画舫,横额书"香洲"两字,因水边原有鸭跖草科的杜若(今大多枯萎),《楚辞》中"采芳洲兮杜若,将以遗兮下女"为典故,故名。又如庭院中对植或双对植桐、槐等,也有典可据,富有文思。如张平子《西京赋》中便有"嘉木树庭,芳草如积";池边植柳也应了赋中"周以金堤⑥,树以柳杞"。《诗·小雅》中有:"苑彼柳斯,鸣蜩嘒嘒"⑦之句。所以,这些植物性景观,理应列入按"诗格取裁"的范围之中。

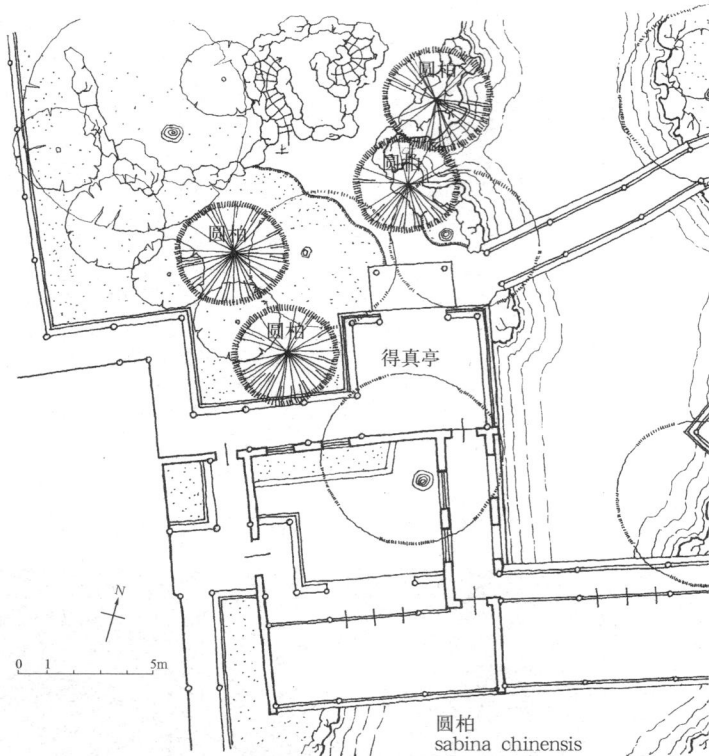

圆柏
sabina chinensis

拙政园得真亭平面图

---

⑤陆润痒的这副著名对联,与明代陆绍珩《醉古堂剑扫》中的一联:

与梅同瘦与竹同清与柳同眠与桃李同笑居然花里神仙,

与莺同声与燕同语与鹤同泪与鹦鹉同言如此话中知己。

有着惊人的暗合,但不论怎样,这种与花鸟的关爱之性及读书作词的自娱之心,在当今社会是难以企及的!

⑥据唐代李崇贤注:"金堤:言坚也",以石为边陲。"也即以石驳岸也"。即工程上的石驳岸。

⑦蜩即蝉,蜩　,即蝉鸣声。古时尚"鹂性近柳"之说,蝉、鹂齐集于柳树,增加了动静相济的景观。

第六章　按画理取裁植物景境

　　山水画的兴起，使士人们对天地自然景色的描绘，超越了单纯依靠文章诗词，增添了一种有力的工具，可以把山水佳景描绘于纸上，以供随时欣赏。心向往之的理想天地，也可借助于山水画，使其表现在图纸之上。同时又可依赖工程力量、艺术手法，把心目中的理想天地，在山水画的表现指导下，运用造园技艺，在适宜的地点营造城市山林。

　　画理是符合国画原理和技法的论述、绘画经验之总结。中国山水画是以自然山水、风景形象为主的，是源于自然、高于自然的艺术表现。可是山水风景范围广阔，若要达到"咫尺之图，写百千里之景，东西南北宛尔目前，春夏秋冬写于笔下"（王维·《山水决》）的效果，就必须在艺术上深化。宋·郭熙在《林泉高致》中也说："千里之山，不能尽奇，万里之水，岂能尽秀……一概画之，版图何异？"因此要把描绘的对象概括、提炼，把客观的风景形象与主观的感受情思结合起来进行表现。正如五代画家荆浩在《笔记法》中提出的那样，要在"气、韵、思、景、笔、墨"六个方面用功夫（被称为绘画六要）。关键是抓住风景形象内在的气质特性，而不是追求形象的逼真，这就是写意山水画的特点之一。也就是《笔记法》中说的："似者得其形遗其气，真者气质俱盛。"意思是单靠外形的乱真，而抓不住内在的气质特性，便是缺乏精神，只有把风景形象的内在特性与绘画者的主观情怀统一起来后，运用"六要"的原则，才能使画面表现出"气质俱盛"，"气韵生动"的最高境界。很显然这和"写生"有某些区别，山水画是着重主观情思与客观形象的结合，是掺入了人文因素的，所以被称为"神似"，而不是单纯表现外形的"形似"。正因为是"神似"，所以绘画者的文化修养、艺术造诣有其重大的影响，如同计成对造园者强调要有文化素养一样。山水画、山水园林都要有文化的融入方能得势。"得势，则随意经营，一隅皆是；失势，则尽心收拾，满幅全非。"（清·笪重光《画筌》）运用"神似"的画理，结合植物文化的内涵，便可"以少胜多"表现自然的一角，更可达到与天地共运迈的生命节律，也就是把自身融入到时序节律之中，尽享自然的赐予；在有限的园林空间中，"芥子纳须弥"地达到"万景天全"的理想，小中见大的具体手法才得以实现。

　　山水画丰富了造园技艺，丰富了植物配置的艺术。

　　园林甲江南的苏州，是画家辈出的文化名城。以"明四家"为代表的吴门画派，开创了画中有诗、诗画相融的画风。他们对造园、植物配置潜移默化地产生了不可低估的影响，使园景融进了画意，画理指点了植物配置。现存许多明清园林，大多有画家的参与，

如画山林之一（留园）

如画山林之二（拙政园）

从这两张照片看，山水俱全、主宾分明、正侧有序，但有欠疏朗且树丛冗繁。

诸如文征明为拙政园指点园景，倪云林与狮子林，文震孟（文征明曾孙）与艺圃，陆廉夫与怡园，樊少云与樗园等。因有画家的参与，故园景充满了画意，清新不俗。

一、山水大空间中按画理取裁植物景境

园林中的山水大空间是指各园的主庭院（主景区），如留园、网师园之中部，拙政园之大部等。虽说是山水大空间，但面积还是有限的。因此，取裁植物景境的意，首先是从画理的"形似"中来，也就是通常说的"写意"手法。所谓"形似"，对植物景境来说就是数量不在多，树姿要适宜，栽植位置要符合画面需要，力求"气韵生动"。

山水是大空间中的主体，植物是从属于主体的宾客，宾随主定。低山不宜栽高树，小山不宜配大木，以免喧宾夺主，做到"宾者皆随远近高下布置"，要"正标侧抄，势以能透而生，叶底花间，景以善漏为豁"。意思是景点的正面，即视景中心要使其显露突出，成为"标的"，侧面则应该简略。不论正侧面都应疏朗，才能有生气，花间、叶底也不能堆砌重叠，缺乏气度。这几句画论，不但可以指导植物配置，也符合植物的生长习性。这便是主与宾、主与次的配置关系。

配置山林景观植树成丛的，画理也有论述："两株一丛的要一俯一仰；三株一丛的要分主宾，四株一丛的则株距要有差异。"这一论述不仅是为了画面的美观需要，也完全符合树木生长对环境的要求，这和现代丛植、群植的理论是十分接近的。再看现有园林中的实例，如拙政园中部岛山上的丛林、留园西部的枫林，都与画理十分相符。株距无一相等，在不等中有共性，即

留园西部山头枫林

远树无根之二 —— 狮子林假山小景

远树无根之一 —— 以远树为背景的狮子林假山

远树无根之三 —— 怡园螺髻亭

树大者距离宽，反之则小；中间较稀，周缘较密；因树冠大小、高低不同，所以俯仰之状也处处可见，主客之势更是一目了然。留园西部山头之枫林是著名的赏秋之景，其主体身份不言自明；拙政园岛山上的林丛，主次尤为分明，春梅、秋橘是主景，樟、朴遮阴为辅佐，柏树常绿是冬景，四时运迈、天地互济，景色如画、画中有诗，是画意也是真景，是人工却富天趣。值得一提的是这里高低层次配合恰当，樟、朴高居上层空间，槭、合欢等位于中层，梅、橘等则在林丛的外缘和下层，书带草、迎春、黄金条等铺地悬崖，立体组合良好，空间效果佳妙，颇有"横看成岭侧成峰，远近高低各不同"的趣味。

"植树不宜峰尖"，"远树无根"这两句画诀，也是布置山林景观必须遵循的。峰尖不栽树，一是突出峰峦丘壑之胜，使山景雄奇；二是峰尖植树有悖常情，对假山来说更避免了工程的复杂性，保证了山体的安全。这一画诀所形成的景观，在耦园、狮子林中就可验证。前者黄石假山堆掇十分雄奇，错落有致地显现了石骨嶙峋之壮健气势，所有树木均配置在山腰石隙之中，榉、榆、柏等大乔木或缘石隙山腰而生，或参差蟠根镶嵌在石缝之中，若生在山麓，必有大石屏蔽其根，十分自然，仿佛山林中自生的一般。在榆、柏等大乔木的间隙处，疏植桂花山茶等花木，以丰富景观，又用薜荔、常春藤等蔓性植物攀缘在石壁、树干上，掩饰斧凿之痕迹并增添自然色彩，成为层峦叠彩的山林景象。狮子林山巅的白皮松，因有峰石点植其旁不露根系，故虽在山顶却如山腰，自然野逸。怡园螺髻亭北的三角枫老干，根际峰石灌丛杂然错落，藤蔓缠绕攀缘，从藕香榭北望，只觉其高耸深远。又如留园中部水池周围两株大银杏，树根也被峰石围绕，从绿荫轩中看，觉得十分旷远。对面积小且非在山巅配置树木，用石遮根，可以符合"远树无根"的画诀，而使山体更显雄奇高耸。

宋代韩拙《山水纯全集》中指出"林麓者山脚下有林木也"，"林峦者山岩上有林木也"。苏州留园西部之枫林，原来是在凿池堆积的土丘上依稀种植而成，无山景可言，后来在林中加筑块石步道，道旁叠石成山，逐步形成了"石骨嶙峋、乔林相望"的林峦景色。沧浪亭进门处的湖石山体，拙政园远香堂南的黄石山体，都在石隙中配植乔林，形成山峦之景，完全符合画理，体现了画意。

宋代李成《山水诀》有"淡木烟林不能密，……林丛切忌齐头"之句。所以，凡把山林之景作为远视欣赏的，都是从稀不从密地配置树木，如拙政园中部小岛上

乔木高耸，轩阁古拙，水流畅达，画意映然

林麓参差石骨嶙峋如同真景

山林胜景有亭翼然

如入画境之一 —— 狮子林指柏轩前古柏

如入画境之二 —— 留园中部山体

如入画境之三 —— 网师园白皮松

的林木，是在远香堂中远看赏景的，所以是稀植数本而已。又因为林丛不能"齐头"，即林冠线要有高低起伏，要有变化参差。故树种要有高、有低、有大、有小，林冠线有了参差，画面上的远视天际线也就起伏变化，富有画意了。古典园林极少同树种的对植、群植，便是例证。又有："山高木小，虽幽远而气象不大。"所以，耦园、沧浪亭、拙政园等山体植树，都用大乔木以求气象恢弘。

王维《山水诀》中又有"山无独木"，"古木数株而已"，"密林、稠林断续防刻板"，"乔林耸直盘曲者一株二株"等论述，对山间植树无疑是最佳的选择和依据。沧浪亭周围的楸、朴、榉等古木都只有寥寥数株，狮子林指柏轩前的古柏，网师园看松读画轩前的白皮松，留园中部的香樟、银杏，也都是数株而已。这几株古木，不仅树龄悠久，而且画姿映然，称誉其为"拿云攫石"实不为过，有了这一株二株的老树，便把园景造成了无限气势和添加了几许古意！

二、画理与四时之景

画论对四时山景论述尤为精妙，宋代韩拙《山水纯全集》提出："春英、夏荫、秋毛、冬骨。"郭若虚《山水训》又作了更为精深的描写："春山澹冶而如笑,夏山苍翠而如滴,秋山明净而如妆,冬山惨淡而如睡。"

春英者,生意映然,英姿勃发,是最富生机的季节,表现在花木上便是"叶细而花繁",用植物学的术语来解释,便是采用先花后叶的树种,或花叶同放、花冠浓艳的种类配置园中。例如:选取迎春、连翘、金钟花、紫荆、绣球等先花后叶;桃、杏、李、木兰、牡丹等几乎花叶同放的且花色浓艳的种类装点于园中的各景点,达到了"烟云连绵人欣欣"的繁英效果。

夏荫者,"叶密而茂盛",千山万树繁茂蓬勃,在生意盎然中绿荫如盖,炎暑中添加了几许凉意。众所周知拙政园远香堂是夏游赏荷之地,南有广玉兰叶大浓阴,东有枫杨老干,隔池而北则更有高阜乔林,西则修竹参天,浓阴匝地,"嘉木繁荫人坦坦",好一片清凉的世界。园林中的乔木老干之所以可贵,这是其生态功能的一个方面。

秋毛(色)者,"叶疏而孤零",树上花叶飘零,如同老者头上的毛发,叶疏而将落,有"明净如妆"的感觉。苏州园林不仅有众多赏桂看花的景点,可以繁荣秋色,而且还有不少的色叶树种随气温的下降而转变其叶色,最好看的是由绿而黄、由黄而褐、由褐而棕红的枫叶(包括枫香、鸡爪槭、三角枫等),丰富了色彩。乌桕、银杏紧随其后显露出片片金黄,煞是好看,颇有"雾沉霞落天宇开,万户千门月明里"的意境。乌桕、柿树等在叶色转变收缩萎软后,更把枝头或白或红的果子显露在外,极有意趣。

冬骨者,"叶枯而枝槁",这是落叶树的冬态,落叶阔叶树冬季落叶后,枝干裸露,如同树木的骨架,是称冬骨。小园地狭,不宜多栽常绿树,而以落叶树为基调,故冬骨的画意尤为突出,如能间植少量

因时而变之一 —— 春英

因时而变之二 —— 夏荫

因时而变之三 —— 秋色

因时而变之四 —— 冬骨

第六章

按画理取裁植物景境

常绿树，则添加了无限生意，至于松柏，几乎各园都有配置，积雪针叶之上，色彩丰富，情趣盎然。

三、湖、河等水边按画理取裁植物景境

园中凿湖理水，与山石相伴构成山水空间，这是园林中的主要景区。山与水是一对矛盾，但山水又必然相依，这矛盾与相依之间的最佳过渡媒介便是植物；换句话说，山水之间配置了植物，便可以协调山静水动之间的矛盾。前已说过，江南园林的胸中丘壑是太湖及其周围的丘陵和林木灌丛。效法太湖周围的植被，配置在园林之中，也即是"师法自然"，便是最好的按画理取裁植物景境。首先，是树种树姿的选择，一方面要"深柳疏芦"，配置在"江干湖畔"，形成江南水乡的风貌，另一方面是对树姿的选择与培养。清代画家唐岱在《绘事发微》中提到：水边湖岸植树，应选"耸直而凌云"的高树，或培养成"欹斜探水"状的悬崖式景观。水边驳岸较高或山体临水的园中，最宜也最易培养成这样的画意，沧浪亭大门前的山峦间，怡园湖池北面的湖石山上，都有这样的"欹斜探水"式的树木，前者是几株古老的朴树和梧桐，后者是姿势绝妙的白皮松，在黄馨等花灌木的配合下，不论正侧面，都成画意。李成《山水诀》中："断岸必欹木，取势根株"；后来清代蒋骥《读画纪闻》中说的：水边应选"纠曲之状者"，都强调了树姿的重要性。"断岸欹木"的论述，对园林中描映水的源头或尽头，起了重要的作用，如留

朴树迎客——沧浪亭入口一览

悬崖水际的白皮松

山水如画

清风池馆

园中部水面西侧水的尽头处，花木扶苏掩映着水的尽头，似无休止。

清风池馆是留园中部一处画意映然的景点，坐落在曲谿楼偏北的主景区中，朝向主景的立面只有矮墙和美人靠，不装门窗，所谓"不安四壁怕遮山，常倚曲栏贪看水"。极目四望，只见银杏高耸，春花艳丽，木樨香逸，亭廊相映，小桥流水，云墙迤逦，富有启发思维的闻木樨香轩就在眼前山巅。这里虽无崇山峻岭，却有山花烂漫，夭桃秾李，紫藤艳丽，一峰峰湖石伫立水滨，如仙似醉，如入画境，诚不愧为欲界之仙都。

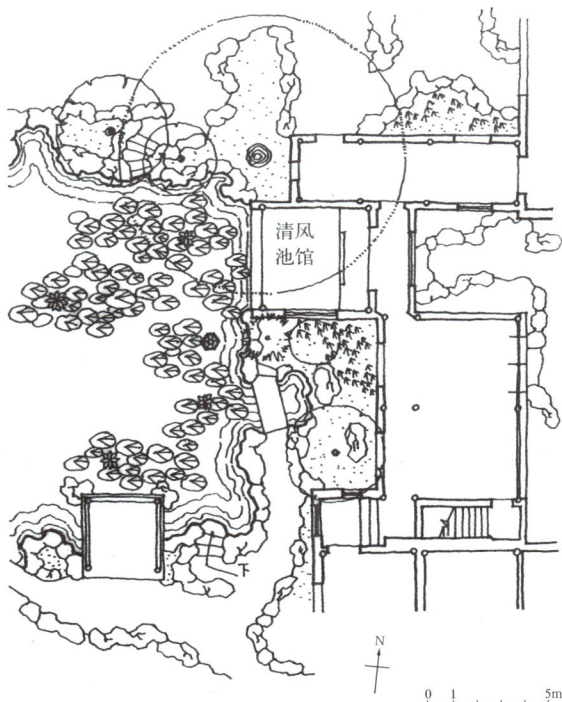

清风池馆手绘平面图

四、楼阁庭院等小空间中按画理取裁植物景境

　　历代名画中，夏仲昭的《竹趣图》画的是"修竹拂疏棂"的写意庭院小景，钱叔宝的《芭蕉图》是画芭蕉三二枝独占小院，重点突出，清静中显情趣，翁彦英的《梅竹图》具有"竹深苔香小院深"的意境。若以此类画意作为植物配置的范本，那么景观将是画意映然，雅趣无穷。请读者看一看留园揖峰轩北包檐墙上的两帧"尺幅画"，窗外小天井中修竹摇曳，旁有峰石一二，酷似《竹石图》；网师园殿春　北檐外，有较大的天井，天井中梅竹兼备，峰石秀美。使人觉得《梅竹图》莫非是临摹的此景。扬州八怪之一的郑燮生平喜竹，所以在他著名的《竹石图》中题款道："一方天井，修竹数竿，石笋数尺，其地无多，其费亦无多也，而风中雨中有声，日中月中有影，诗中酒中有情，闲中闷中有伴，非唯我爱竹石，即竹石亦爱我也。"如能细赏静察，那么

室内观——如画尺幅窗

室外观——实景

园林植物景观配置

竹石图

留园绿荫轩外立面

古典园林中真称得上处处是画，时时成景。像前述留园揖峰轩，如果与知友对弈其中，旁有坑床可以小休，又有古琴横陈任你轻舒琴艺。更有王维《竹里馆》的诗对高悬墙头，点出了"尺幅窗"外的画意，此情此景不仅画意映然，人也如在诗中画中！

　　图画中绘亭、台、楼、阁必有树木相衬，这是按照荆浩《山水赋》所提"楼台树塞"的画理而作画的结果。按此画理取裁植物景境，有两种手法：一是楼台四周用多种树木密植；另一是栽冠大浓阴的大乔木，依仗其繁密的枝叶而达到把楼台围护拥塞，至于树种则又随是否急于形成景点而定。多树木密植较易形成景观，但日后要适当稀疏。王维《山水诀》中又提出："平地楼台偏宜高树映人家，名山寺观雅称奇松衬楼阁。"这既是画论，又是植物配置的理论，尤其是把植物与建筑之间的对比、调和、衬托关系作了很深刻的论述。用高树衬托平地楼台，可以显出楼台的精致细巧；用奇松衬寺观可以增加寺观的古老玄妙，有时还能使寺观沾到奇松的声名，如苏州光福镇的司徒庙就是分沾了"清、奇、古、怪"四株汉柏的光，才有此名声。司徒庙与汉柏珠联璧合，真是"好花须映好楼台"的恰当配置。留园中部绿荫轩是一座小巧的平地轩馆，旁有高大的青枫一株，映衬着这低矮的轩亭，颇似一幅深林仙居图。

园林中符合画理的景观比比皆是，只要选取恰当的位置和视角，都是一幅良好的画面，这对摄影爱好者来说，将是最佳的选择，不出城郭便能获得山林之胜。下面再举几例极具画意的植物景境：

　　看松读画轩，这是网师园中部主景区中一座南向的小厅，名为看松读画，四壁却无一幅图画。站在窗外南望则是一幅天然图画：在冰纹铺砌的石皮前庭南，是一形式自然的湖石树坛，内栽姿态古拙、枝干遒劲的白皮松、圆柏、罗汉松，又以曲桥、湖池及水边矶渚花草、亭廊山丘为背景，远山近水古木鲜花，是秀丽的江南山水之景，其中白皮松等为主景故称之为"看松读画"。这是一幅立体的画，生活着的画！

　　沧浪亭是典型的城市山林，未入门便有"花木泉石之胜"，门前曲水漫漫，池岸山石嶙峋、古木苍森，或挺或偃或倚或卧于池岸之间，把一座沧浪亭掩映在林丛之中，好鸟时鸣有亭翼然，成为全景入画的好题材。记得60多年前归学途中，林间乌鸦嘶啼，河中游鱼从容，真是和唐寅的《枯木寒鸦图》不相上下。

　　按画理取裁植物景境，不只是单一景点、单一树木的富有画意，尚须顾及总体气势，清人唐岱在《绘事发微》中指出："且画山，则山之峰峦树石俱要得势……诸凡一草

网师园看松读画轩窗外

一木，俱有势存乎其间。"这里的所谓"得势"，便是树木与环境、空间的协调相称，便是使树木之间、树木与山水房舍之间的具有内在的联系，形成"林木得势，虽参差向背不同，而各条畅"（明·赵左《文度论画》）的画意。

总之，按画理取裁植物景境，是"师法自然"又不拘泥于自然的"写意"手法，因是"写意"手法故与诗格取裁一样，是与造园主的主观情思有关，擅于诗文、深明画理的园主，对自然景色自有独到理解，当其指点园景时也就能融会贯通于景色之中。诗、画浑成，已成为一种特有的造园配置艺术。这一配置艺术到了明清时期，更是达到了十分成熟的程度。这是古典园林与现代园林植物配置艺术上有所差别的，也可说是有着独到之处的！

网师园小山丛桂轩

第七章　按植物生长习性取裁植物景境

一、按植物习性、形态取裁植物景境

　　按植物生长习性取裁景境，是较注重植物的生物学特性的一种方法。所谓生长习性也就是植物的遗传本性，遗传本性是在长期的系统发育中，受环境的影响逐步演化而成的，有较稳定的生理特性，故轻易是改变不了的。某一地区的生长环境，诸如水、土、温度、光等自然条件，也是基本稳定的。因此，在某一特定的生长条件下，要使植物生长良好，发挥其预定的配置意图，在"匠"的方面，除前文所说的选择适宜种类外，就得在配置上取裁、调剂，使局部小气候与植物取得最大限度的统一。清代陈淏子《花镜》中说得好："草木之宜寒宜暖，宜高宜下者，天地虽能生之，不能使之各得其所，赖种植位置有方耳！"根据所选种类的生长习性，配置适宜的位置、地点，这便是按生长习性取裁景境的目的和任务。

　　关于植物的生长习性、对生长环境的要求，在长期的实践中积累了许多实际知识，例如《书经·禹贡》中有句："峄阳孤桐"，意思是阳坡之桐生长特盛，更能发挥孤立木的特征。夏禹时期是这样，到了明清时期就积累了更多的经验。《花镜》中说"花之喜阳者，引东旭而纳西晖。"陈从周在《续说园》中也说："牡丹香花向阳斯盛，须植于主厅之南。"开朗旷达之地，早晨受初升之旭日，傍晚又可得到晚霞的光照，宜栽喜阳之花木。留园、西园、狮子林等，结合地形改造，在园之西部，堆山挖地形成西高东低的地形，此土山便成东向之坡地，坡底便成池湖。坡地上受光充分，池湖水体无所遮挡，且有一定的反射光线，将喜光种类配置

狮子林西部山体

留园西部山体

其上，使有"引东旭纳西晖"的效果，花果较易繁茂。如狮子林便在这样的土山上配植梅花、木瓜等观花、观果种类，留园也在此东向山坡上疏植海棠、桂花等花木。

相反，"花之喜阴者，植北苑而领南熏"（《花境》）。高墙深院的苏州园林，有许多光线暗淡的小庭院、小天井，大多依靠南墙反射的漫射光，故只能配植芭蕉、慈孝竹等，尤以八角金盘、桃叶珊瑚、忍冬、虎耳草等耐阴性种类为宜。例如留园揖峰轩北面小天井中，为了画理需要，主峰旁配细竹，可是阳光过弱，生长不良难符画意。说明选择种类和地点的重要。

梨、李等果树不但喜光，更需微风不断，空气流通，故宜配置在较大场所。这便是《花镜》中所写的："梨之韵、李之洁，宜闲庭旷圃，朝晖夕霭。"这样才能病虫害少，花繁果茂。苏州咫尺山林，风、光均不能与空旷地相比，因此，观果种类应用较少，实在是限于条件，难以栽种。

阳光直接影响气温。向阳处与背阴处的温度差异，主要是阳光的影响。不仅如此，光还影响土壤湿度。阴暗必然潮湿，潮湿也就较冷。所以，日光、热量、水分是互相影响的，其中，又以日光最为关键，如果能对光进行充分利用，则热量和水分就能调节自如了。

前已从坡向讨论了光照问题，而高低起伏的地形，还与排水有关，高地阳坡不仅光照较好，排水也快，故土壤较干爽，雨季不易积水成涝，春天土温易于上升，冬天积雪

易化，有利植物生长。由于园林中风力显然弱于园外，光
照也不会很强，故很少考虑水分的不足（少数草花、树木
移栽时例外），所以，《花镜》中又写"松柏骨苍，宜峭
壁奇峰。"这完全是根据松柏，特别是松树较为耐旱的习
性而提出的取裁原则。恰好也与画理相吻合。诸如狮子林
山坡上的白皮松、怡园岁寒草庐前低坡中的黑松和圆柏、
留园五峰仙馆前厅山上的黑松等，都是配置在地势高爽、
光线良好之处，故生长良好。"向阳斯盛"的牡丹，不仅
喜光也不耐水湿。《长物志》中有句："文石为栏，参差
数级依次列种"，便是为了排水。拙政园玲珑馆前坡地
上，将牡丹依次列植，符合了喜光、忌湿的习性。至于平
地，为了避免积水、改善光照，应用"玉砌雕台，佐以嶙
峋怪石"的方法，便能取得良好效果。艺圃博雅堂前的长
方形石砌花坛中，牡丹与玲珑石笋相配置。留园自在处和
汲古得绠处长方形的青石花坛，石质细腻皎洁、四角纹饰
精美，堪称"玉砌雕台"，栽植名品牡丹，与东北角沿墙
处的"修篁"相远映，景色如画。枫杨、柳等都是耐湿乔
木，拙政园原是"积水亘其中"，"荡漾渺弥"的低平积
水之地，故多枫杨和柳，原有"柳　"一景，这是典型的按
生长习性取裁景观的一例。

　　芭蕉叶片硕大，极易招风，空旷的大空间风力较大，
故常将芭蕉配置在小庭院中，形成"绿窗分映"（《长物

狮子林白皮松

怡园岁寒草庐

留园五峰仙馆前黑松

留园牡丹花池

拙政园柳荫路曲

芭蕉忌风碎叶

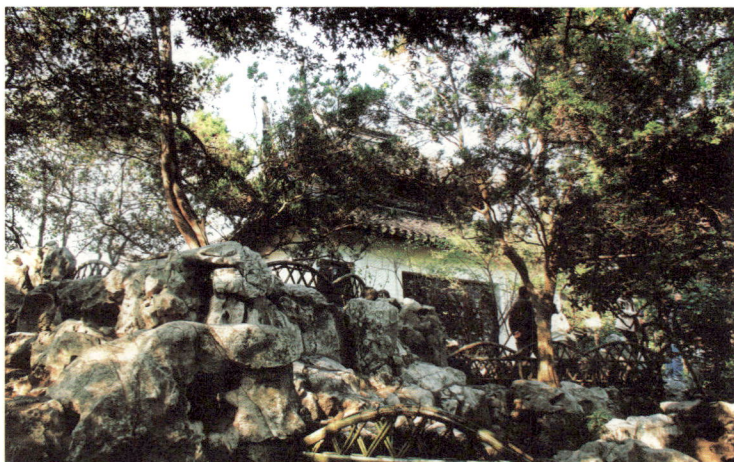

问梅阁旁清溪疏篱的环境宜称

志》）的景观。陈从周《续说园》有句："芭蕉分翠，忌风碎叶，宜栽墙根屋角"，可称
是深明芭蕉的论述。另外，因墙根屋角和小天井中蒸发量小、水湿条件好，更宜芭蕉忌烈
日干燥的习性。同样，大风和台风也有害乔木，故园林中多用深根性树种，如樟、榉、
朴、柏等。

花木生长环境清洁还是污垢，即园林周围的环境是否适宜，对花木生长和景观也有
关系。宋·张功甫认为"植梅于清溪、小桥、竹边、松下，明窗疏篱、苍崖绿苔"之旁是
"宜称"的，也就是说，梅花在这样的环境中更能发挥出良好的观赏特性。狮子林问梅阁
前的梅景，算得上是"宜称"的栽植位置。

植物的生长习性，除与环境紧密相依外，自身的生长特点、种内和种间的关系，都
是值得重视的。尤其是乔木，生长慢、寿命长，轻易不能更改，要事先妥善研究其生长习
性，对生长速度、根系强弱、树冠大小、喜光性与耐阴性、耐湿性与耐干性等都应有所了
解，这些种内与种间的关系将影响到今后的生长良好与否。也就是这一组群丛的稳定性如
何？能否数十年、数百年地延续下去？如在多株树木为一群丛的林丛式配置时，选用松柏
与杨柳，可以预计不出20年将形成"松柏尚侏儒，杨柳已成荫"的局面，届时松柏在杨柳
的浓阴之下，受光不足，就难以正常生长，最终失去景观价值。这些问题随着农林科学的
发展，已经得到重视，园林工作者更从艺术的角度，结合种内、种间关系，提出了人工群
落的空间组合问题。即当人们在设计一组多树种的人工群落时，除考虑前述的种内、种间
关系外，尚要照顾到这一群落的立体组合结构，高低、大小、色彩、叶形、叶色、常绿与
落叶、花期、花色，甚至病虫害的相互感染与防治等，这就比林业上的设计混交林，要照
顾到更多的方面、更多的关系。古典园林中限于土地面积，较少大型的人工群落，但也有
一些小范围的人工群落可供分析。

留园西部山体枫林

其一，留园西部原来土山上突出秋色叶的枫树（枫香、槭）群丛。这是利用枫的秋色转红的特点，配置在土山之上使成赏秋之景。除主裁枫香、鸡爪槭外，仅有夹竹桃、迎春、桃、梅等小灌木，角偶间有柳、桐都较协调。枫香高大，鸡爪槭矮小，间距较大，互不干扰，生长稳定。花灌木处于林缘和林下，也无种间竞争和影响。所以是一种稳定的人工群落，在当地与在文献资料中都反映是一处良好的秋景。又因其间植了一些春花为主的灌木，所以在赏秋之余，春季也耐观看，西北角的柏树丰富了冬景，具有较明显的季相变化。是一处较合理的人工群落，树冠、色彩、株形、叶形等都搭配合宜。遗憾的是在"备战、备荒"的号召下，加植了樟、朴等大乔木，浓阴被覆下，枫香等已难现"红于二月花"的秋色（现正在逐步调整中）。

其二，拙政园中部，大水面中挖土掇石，堆成东西两山岛，其中由小溪相隔，溪上架小桥联系。在此富有画意的山岛之上，更筑长方形小亭即雪香云蔚亭于西岛，六角形平面待霜亭于东侧山岛上。为使这两岛分别成为春秋赏景之处，于是借助植物配置以体现画意，即雪香云蔚亭前用梅为春景，待霜亭旁配橘作秋景。为丰富画面，衬托春秋景色，于是梅花旁添加紫荆、迎春、海棠等，这样在梅

拙政园中部山体

127

拙政园雪香云蔚亭

花之后，依然有花可赏；待霜亭橘树边上用枣、乌桕、柿树丰富秋色。再在岛周特别是北缘，散植女贞、朴、柏等常绿、落叶针阔叶乔木作背景，富有山林景色。故在雪香云蔚亭柱子上悬王籍的诗对："蝉噪林愈静，鸟鸣山更幽。"进入这两山岛之上，春有花、夏有荫、秋有果、冬宜雪。再从远香堂中北望，呈现了象征太湖中岛山的远景，郁郁葱葱的山林，清醇芬芳的香花和红艳欲滴的柑橘、蜡黄的离离小枣，在错落参差的林冠线衬托之下，层次分明、色彩丰富、景境深远。除了湖面宽广、小岛多姿等基本条件优越外，植物的组合、搭配，即人工配置的群落与实地环境的协调适于地方风土等，都是值得总结的。

其他如小庭院，小天井中孤植一两本梧桐，也完全符合自身的生态要求。因梧桐树的童期是单轴分枝式的生长，顶端优势极强，小空间中即使阳光略差，但仍能良好生长，待透过檐口，达到屋面之上后，阳光充分随即分生侧枝。而在小庭院中则观赏绿色树干，别具风趣，这也可说是符合树木生长习性的一种配置形式。

综上所述，园林中所用植物种类，如果适应当地生长环境，其生长就能良好，配置的景境也就良好稳定。

小庭院中修竹依稀也别有韵味

二、按色、香、姿取裁植物景境

色、香、姿是植物固有的形态和特性，也是人们直接领受的观赏内容。一种植物常不能兼备这三方面的观赏效果，所以要选配、组合。选配与组合还应与种植位置及环境相协调，高大厅堂前如配置丛花灌木，就显得不协调、不相称，休憩小亭旁如满栽乔木也欠匀称。所以，色、香、姿三者首先要考虑姿，然后照顾色与香。

古典园林中因限于面积，常不易选用色、香、姿兼备的组合配置于园中。只能以某一特色取胜，即或以香胜、或以色显、或以姿称。特别是某一局部庭院，更因空间狭小，无法多树种群植。

首先，以色彩取胜的植物景境，是园林中的主调。无论是以花色取胜的，抑或是以叶色著称的，有名字的还是无名字的景点，都能统调周围的园景。如"金粟、南雪、待霜、绣绮"等以观花果为主的有名字的景点，成为该小区的主景；又如"涵青、放眼、绿漪、浮翠、玲珑"等以叶色青翠、环境幽美为特色的有名字的景点，与观花景点同样起着统调局部的功能。至于一些并无命名，但具明显的景观效果者，也是极能吸引赏景者的情趣的，如留园西部的枫林，从曲溪楼上远眺红于二月花的霜叶，具有"枫叶飘丹，宜重楼远眺"（《花镜》）的古意。同样，许多窗前芭蕉、庭中红花，都能博得一园之胜，甚至成为闻名遐迩的胜景。

窗前芭蕉、门旁紫荆、陪弄花树、姿色秀丽

深院孤亭

以叶色取胜的景境，虽不及花色那样易于博得人们赞赏，但却是长盛不衰的基本景色。如能搭配合理，也颇能使人留恋，如翠绿带状的竹叶，与青绿如掌的梧桐叶相配合，形成"梧竹致清，宜深院孤亭"（《花镜》）的景观，拙政园梧竹幽居亭，即是该景观的写实。浓绿有光的香樟、女贞与青绿暗淡的榉、朴及多数落叶阔叶树相组合，也能显出韵味；阔叶与针叶相间除了叶形不同外，色泽也有差异，值得细赏。由于发芽、落叶物候期的差异，有新绿、暗绿、嫩红、浅黄、蜡黄、浓红等变化，因此，早春与秋季都有色彩斑斓的叶片，可供观赏。尤其是秋季，观赏秋色叶历来公认是富有雅韵的。无怪杨万里写的《秋山》诗是那样的脍炙人口！

"乌桕平生老染工，错将铁皂作猩红。小枫一夜偷天酒，却倩孤松掩醉客。"

至于大园中常绿树与落叶树的比例，大约是1：1的关系，苏州拙政园内常绿树与落叶树按株数比，约成1：1.08；按树种比，常绿树与落叶树约为1：1.57[①]。原因是树冠大小差异之故，如香樟冠大浓阴，一株可抵得上多株较小树种，因此应用香樟后，树种就得减少。小园中则以落叶树为主，常绿树少用或不用，因小园空间有限，落叶树冬季落叶后有利采光。

古典园林中以芳香取胜的景点与现代园林不尽相同。没有花境、花带等以量取胜的景点，也极少应用草花，大多是用"韵胜"、"格高"的种类，以情取胜。《花镜》中说得好："梅花、蜡瓣（梅）之标清，宜疏篱竹坞，曲栏暖阁，红白间植，古干横施""水仙、瓯兰之品逸，宜磁斗绮石，置之卧室幽窗，朝夕领其芳馥。"这两段文字，从种类的选用、配置的艺术、欣赏的情调都作了明白的交代，可以从中理解古典园林应用芳香植物的概况。再联系园中实例看，也大体符合以上的陈述，如虎丘山下有一歇山四面厅式高阁，阁前植蜡梅数本，当万木萧瑟落叶的寒冬，阵阵清香中充满着生气，带来了暖意，确是曲栏暖阁的配置形式，故题名冷香阁，成为冬天的一景。远香堂、荷风四面亭中可领略淡而清的荷花香，夏天品茗堂中，茶香中更添几分清香，真是现代园林中难寻的清雅去处！

---

① 苏州园林科研所. 苏州城市绿化树种调查研究[R], 1988。

城市山林之一

城市山林之二

以姿取裁的景点，都从树姿、树势符合画理而来，凡配置之初即与山水画构图相近或相符。另外乔木树种成长后颇具画意者也可列入以姿取胜的范围之中。江南山野间、城市隙地上有一种极易繁殖、成长的朴树，成长后枝丫虬曲，干皮灰褐，五六十年生即古意映然。寒山寺钟楼旁一株近百年生的朴树，给该寺平添了几许古意。怡园临水山崖上的白皮松，也是姿态可人的典例，只是都需较长的年代才能有这样如画的树姿！网师园看松读画轩所以题此轩名，实是对园景的写实。轩南远山近水，轩亭、曲桥，树坛中圆柏、罗汉松、黑松树姿如画，自成天趣，不愧是一幅天然图画，今树龄都已十分古老，自然更富气势了。

值得一提的是一些藤本植物较易造景，留园华步小筑中栽一株地锦，旁竖一石峰，树龄不长，却已苍古如蟠龙似的攀附在墙面之上。大多数园林中的紫藤，都随棚架的形状而发挥其气势，而拙政园绣绮亭山坡下、网师园殿春 前的紫藤，却别具一格，不攀附于棚架之上，而是在连年强修剪后如同灌木，每年抽生之新梢如游龙曲枝似的斜倚在山石之上，绰约多姿自成一景。一些大树古树，以其高大的身躯遮掩了天空的一角，使园林的天际深浅莫测，小空间似乎也是无止境似的，如狮子林的古银杏和留园中银杏、樟等大树，都起着丰富园中山林天际线的功能，加强了立体效果，这也应该说是树姿的景观功能。

留园华步小筑

留园中银杏

第八章　按造园传统手法取裁植物景境

我国园林历史悠久，造园技艺精湛，但却未见有关著作流传，尤其是植物景境配置技艺，更是记述浅显。因为古代不把建筑、造园当作是一门艺术，更不把它看作是富有文化内涵、融工程技术为一体的专门技艺。《四库全书总目》也把《营造法式》等建筑专著列入史部政书类。建筑师充其量被看作匠师或百工之家而已！造园之道特别是植物景境配置技艺，更难列入正史而流传了。所以明代郑元勋在《国冶·题词》中写道："古人百艺，皆传之于书，独无造园者何？曰：园有异宜，无成法，不可得而传也。"郑元勋从另一侧面即造园的变化灵活、自由度高等方面解释了古代缺乏造园专著的原因。不论是《四库全书》把建筑列入史部政书类，抑或像郑元勋说的"园有异宜，无成法，不可得而传也"，过去缺乏专著是事实，造园技艺灵活，难以表述也是事实，所以应深入总结其经验就显得十分必要。迨至明代末年，计成《园冶》一书问世后，乃将造园经验作了系统整理，对植物配置也有一定论述，开始将匠师们口授身传的技艺记之于文传。考计成字无否，原籍苏州吴江，吴江、苏州间往返便捷，舟行也只数小时，故苏州一些古园如沧浪亭、狮子林、拙政园等，对《园冶》一书当有所借鉴。也就是说《园冶》所述既来源于园林的实践，也必有助于后人造园之参考。

此外明代文震亨（苏州人）的《长物志》，清代陈淏子（杭州人）的《花镜》，李渔（浙江兰溪人）的《闲情偶寄》等书的刊行，对植物配置成景也有述及。今日看来，这些也可说是造园技艺的传统成法，将其中摘要讨论可辅助"园有异宜，无成法"之不足。

亭廊相间，高树映照，园外之水如在园中，足证"造园无成法"之科学论断

一、关于植物景境总体规划及建设成法

造园时首先考虑的是房屋和山池道路，但植物配置也在关注之中。《园冶》认为园林要由植物来围绕，置身于绿色环境之中，故提出"围墙隐约于萝间"。古典园林是封闭的，是由围墙与外界隔离的，围墙被藤蔓植物所围绕后，就可使整个园林处于绿色之中；平直单调的围墙在藤蔓包围隐约可见后，就显得生动、活泼而富有生气，可使园景绿色无际，强化小中见大的艺术效果。在实施手法上要注意隐约两字，所谓隐约，便是依稀可见，却又不是全部掩遮、全面覆盖，更不是筑高绿篱。若掩又露，露中有绿，这才富有意趣。在配植藤蔓植物时一是不宜沿墙密植；二是可用两种或多种藤本，有叶形较大的如爬山虎，也可用叶形较小的如络石，常绿如薜荔、忍冬，落叶的如紫藤、凌霄等。网师园主厅万卷堂西山墙正好在主庭院中，如同围墙一般，因于其上攀植大木香一株，颇具气势，掩映了墙面，丰富了园景。

苏州各园的围墙完全裸露的不多，或依墙筑室，靠墙建廊，或在墙上开漏窗引纳墙外景色，更有沿围墙辟成天井、夹弄而在其中另作小景的，故"围墙隐约于萝间"的手法仅限于部分园林。网师园围墙上攀附数株凌霄，花时朵朵红花隐约于藤蔓之间，绿叶红花成为一道彩色屏障，分外艳丽。不入园门即体味到名园之风采，真是令人叫绝。

当前提倡的垂直绿化，如能巧为安排使一个小区或一幢大厦隐约于绿叶丛中，该是多美的景观。

网师园大木香

网师园凌霄

《园冶》中又有"架屋蜿蜒于木末"的技艺，这指明了园林的总体规划上应该有一定数量的树木，房屋才能蜿蜒于树木之中。如能使房屋蜿蜒在树木之中，房屋就不会互相局促相处，可以错落相间地有良好的空间环境，掩映在绿树丛中的房舍就有城市山林的感受。要达到这一设计要求，配置树木时应与房屋有较大距离，树木成长时枝梢靠近屋檐房缘，不致有碍房屋的安全和采光。这要确切按成长后的树冠及高度，定出适当的株数和距离。园林基地上如有成长的大树，应充分利用不要伐除，即使仅一两株树，也尽量做到"仅就中庭一二"，即以树木为标准然后确定屋基位置，使这一两株树处于"中庭"的部位。即使碰到"多年树木，碍筑檐垣"，也要贯彻"让一步可以立根"的爱护大树的思想，尽量把房屋的位置变动，以利树木立根生长，若位置实在太紧无法避让时，《园冶》也主张"碍木删桠"，即遇到妨碍建造房屋的大树，房屋又无避让的位置时，至多删去一些侧枝，也不要伐除大树，而且还要做到"砍数桠不妨封顶"，即所删侧枝、大枝，也要以不妨碍封顶、不妨碍树冠的完整性为原则。一句话，即总体规划时，要以树木为前提，房屋位置要根据树木位置而确定。《园冶》中又有"结茅竹里"、"松寮隐僻"的建屋原则。这是"天人之际和谐"的思想，也是隐逸文化的具体反映。必须重视的是"结茅竹里"是把茅屋建在竹林之中，而不是在茅屋周围栽几丛竹子，这是有很大区别的：栽竹量不同，绿地面积也不同，是应予明确的。"松寮隐僻"也同样是把房屋建在松林之中，而不是栽几株松就算隐蔽了房屋。古典园林或现代园林实际情况不同，当然不可能参照这一成法，但其重视绿化的思想还是值得学习的。

二、关于植物景境局部设计之成法

《园冶》认为："窗户邻虚，纳千顷之汪洋，收四时之烂漫。"这是说窗外须有景，窗外宽广就可借"千顷汪洋"和"四时烂漫"之风光，但目前城市造园园外之景已难借，只能使建筑能尽享园内之景，使室内外空间得以流通。于是就用"窗虚蕉影玲珑"、"移竹当窗"等成法，以利开窗见绿。园地较宽，便用"栽杨移竹"、"摘景全留杂树"、"花隐重门若掩"等成法，具有竹修林茂之趣。园地褊狭，则用"芍药宜栏"（《园冶》）、"梅花、蜡瓣之标清，宜疏篱竹坞"（《花镜》），以及蔷薇不妨凭石等成法。网师园殿春　庭院中，芍药便是配置在湖石为栏的窗前花坛之中。

网师园殿春簃庭院

庭院的植物配置。在规则的庭院中常采用"院广堪梧"的成法，孤植、对植、双对植等随规模而定，并以能否做到"梧荫匝地"为鉴定标准。在较庄严的庭院中(如孔庙等)，则"唯植槐楸"，达到"槐荫当庭"的目的，庭院中绿荫如盖，景观宜人。总之，庭院中植物配置必须依面积大小而适宜取舍，如怡园碧梧栖凤馆前的双桐(今缺其一)，锁绿轩前的梧桐与竹、芭蕉的配合等。

山间的植物配置。《园冶》中认为："岩曲松根盘礴"，"苍松蟠郁之麓"；《长物志》认为："山松宜植土岗之上"，明·吕初泰《雅称篇》也说："松骨苍，宜高山，宜幽洞，宜怪石一片，宜修竹万竿，宜曲涧粼粼，宜寒烟漠漠。"这些论述虽侧重某一树种之配置要领，但山间宜松是众所公认的。古典园林中山体较小，石隙土量有限，土质又差，不利于喜酸的马尾松生长，苏州园林中已无马尾松。白皮松尚能生长，狮子林、怡园中有几株较大白皮松，应加强保护以防萎凋。留园五峰仙馆前，"厅山"上有补栽的黑松，但病害多生长衰弱，可能与通风较差、土质不良有关。因此，山麓用柏代替松树，以达到"松根盘礴"之景。另一配置成法是与竹相间，或以竹为主的配置形式。所谓"翠筠茂密之阿"(《园冶》)，《雅称篇》中又把竹子的特性作了描述："竹韵冷，宜江干，宜岩际，宜盘石，宜雪蠟，宜曲栏回环，宜乔松突兀。"由此可见，松竹相间最是适合于园林。根据具体环境或以竹胜，或取松茂，山地造园尤宜。对平地园林而言，要选用能适应排水较差，土质黏重等环境的竹种，例如常用合轴丛生的孝

狮子林白皮松

顺竹等，山区则采用毛竹，气势壮阔。小园无山，可以盘石配景，也可在曲栏庭畔配置一二丛细竹，构成形形色色的竹石小景。真可称造园必用竹，竹景均有韵。现存古典园林，几乎园园都有竹，无竹不成园。

山中如有苍虬根系裸露，最是古雅应予保护，根旁如能栽植地被物则可保持水土，衬托园景，也体现了明代程羽文在《清闲供》中所写："树荫有草，草欲青；草上有渠，渠欲细；渠引有泉，泉欲瀑；泉去有山，山欲深；山下有屋，屋欲方；屋角有圃，圃欲宽。"。但因便于树间清扫，故一般植草不多，间或有书带草、鸢尾等点缀树下，使体现"树荫有草"的成法。另外陆绍珩《醉古堂剑扫》中有句："松下灌丛杂木茑萝骈织，环池竹树云石，其后平岗迤逦，古松鳞鬣。"这很清楚地说明了以松树等乔木为主景的林下，应有灌丛等"下木"，成为天然林相，这也体现了江南混交林地带的植被状况，与自然山野相吻合。现有古园中也大多与这一点相吻合，如拙政园东部放眼亭周、沧浪亭周等林丛之下，杂木纷陈，色彩丰富，竖向结构合理、稳定，与亭台等配合下，景境可人！

水边的植物配置。水边植树常随堤岸而定，堤岸曲折便用"堤湾宜柳"的成法，也可用"溪湾柳间栽桃"的成法，配置成村野风光，具有"桃李成蹊"的韵味，也如同弘历《苏堤》诗中"一株杨柳一株桃"的湖中风光。拙政园"柳荫路曲"一景的配置手法，便是由此成法化生而来，别具一格地与曲廊相联系而自成特色。《雅称篇》对湖中植荷另有新意，强调应充分发挥其芳香效果："莲肤妍……宜香风送麝，宜晓露擎珠。"于是根据"水际安亭"的成法，筑亭赏荷，领略如珠晨露滚转于花瓣之上，随晨间清风带来阵阵荷香的梦幻般的享受。拙政园荷风四面亭就是着实理解了这一配置意图的精神，游赏其间令人陶醉。由此，也说明了水边的植物配置如能与水相联系，便能收到更好的效果。

还应提到的是《雅称篇》对植物配置有许多精到的论述，除前述对松、竹的配置要领外，还对一些常见植物有所研究，如"桂香烈，宜高峰，宜朗月，宜画阁，宜崇台，宜皓魂照孤枝，宜微　　幽韵"既说出了桂花的种种特性，又包容了文化内涵。将苏州园林桂花景点与之对照，真是十分贴切，与这一论断均有联系，称得上具有普遍指导意义。兰花草本，本书未作讨论。但兰之文化内涵深远，《楚辞》载："纫秋兰以为佩"；《孔子家语》说："　与善人居，如入芝兰之室。"可见文人园林之宜兰。故《雅称篇》认为"兰品幽，宜曲栏，宜奥室，宜磁斗，宜绮石，宜凉　轻洒，宜朝雨微沾。"可惜，苏州园林限于土质不能沿曲栏而栽，只能盆栽后用磁斗为套盆，陈设于室内，尤"宜奥室"，发挥了"兰品幽"的绝胜。

上面，总结分析了文人园林按传统成法配置植物景境的意匠后，对照皇家宫苑，可以发现在同一文化背景下，皇家宫苑的某些规划构思却悄悄地影响、启发着文人园林的植物配置，形成了与众不同的具有文化意味的配置植物群丛的成法。如汉代，当规划建

难得一见的古园花境

造帝皇宫苑时，首先想到的是"体象乎天地，经纬乎阴阳。据坤灵之正位，仿太紫之圆方"（班孟坚《西都赋》）。这便是"法天象地"的规划要旨。对后世造园、植物配置都有重要的影响。帝皇宫室囿苑"体象天地、经纬阴阳"是体现皇权之浩大，显示其国力之雄伟。而文人造园为了真切地贴近自然，却在这"法天象地"中得到启发，故应将其看作是配置植物群丛的成法。

所谓"法天"，即效法天空中的星星，或亮或暗，或疏或密，无一相同。配植植物也可或大或小，或稀或密地自然栽植，体现自然不拘定式，尤其适用于林丛式栽植时仿照施行。

所谓"象地"，自然界地面无一完全水平，都是或高或低，或突或坦。因此，园地植树也不需要平坦、方正，稍有起伏反觉自然。这种"法天象地"的配置原则，既流露了文人的宇宙观，又和"俯仰、宾主……"的画论吻合不悖。因此，历代文人造园，无不从与整个宇宙的和谐着眼，仿效自然将自身融合于天地。众所熟知的陶潜《饮酒》诗中名句："采菊东篱下，悠然见南山"，也就是反映了与自然的和谐，首开端倪地流露在诗句之中。后人造园喜用疏篱田圃、栽花赏菊成为植物配置之成法。同样，孙统在《兰亭诗》中写："地主观山水，仰寻幽人踪。回沼激中达，疏竹间修桐。"使后世用桐竹相间以示环境之幽，成为惯例。而用竹不在数量之多，"三竿两竿之竹"（《庚子山集注》卷一）即可。

必须指出的是古代士人的所谓"自然"，不仅仅指纯粹自然，而往往是指哲学上的自然，即天地万物的运动规律与宗法社会的互相迎合。士人园林的表现"自然"也就不仅仅是表现自然环境与风貌，而且要反映士人的宇宙观、审美观。因此，在传统的植物配置上，就不一定限于实地的栽种和植物的生长状况，配置时应从诗情画意上着眼，使景观具有可歌可颂性。故不论"欹侧八九丈，纵横数十步，榆柳两三行，梨桃百余树"（《庚子山集注》卷一），或"嘉树夹牖，芳杜匝阶"（洛阳伽蓝记），也无论清幽到"扫径兰芽出"（钱起《春谷幽居》，《全唐诗》卷237），"树深烟不散"（钱起《忆山中寄旧友》，《全唐诗》B卷238），凡有特色、有意境便是值得仿效之成法，故不论总体或局部的植物配置，总的还是从诗情画理中演化而来，实质上便是士人宇宙观、世界观通过诗情画意反映到植物景境上的一种难以从外表效学的特殊方法。

三、关于不成文传统手法的运用

所谓不成文传统手法，大多是记述较少或无文字记载，而是由有经验的匠师言传身授而来，是实际操作中灵活应用的经验体会。虽属细枝末技，效果却也明显。主要的便是种植时的苗木选用，大小排列，遮、挡、露、衬等实际手法的运用，多半属于实际施工中的灵活处理，即"匠"的体现。

1.遮、挡

是通过植物将园中一些非观赏重点，部分或大部挡住，使观赏重点可以突出。用作遮、挡的植物与被挡对象间的距离，影响着遮、挡的效果。两者之间的距离大，则遮、挡的范围宽，但欠严密；反之，遮、挡范围狭，则较严密。这也得实地审视环境后才能确定。

拙政园入口处，过兰雪堂进入山水景区前 有一座湖石堆叠成的峰峦，其中双峰特秀，因名联璧。该联璧峰是为障景性叠山，处于进门处的一座孤山体量不宜过大，可是古园中欲扬先抑的障景功能又不能削弱。于是就借助树木强化障景功能。采用多树种群植，配合慈孝竹衬托双峰的形式，将一组

树木掩映下的拙政园入口假山

拙政园秫香馆后围墙

孤山作成林峦之状，使在极自然中挡住了入门之初一览无遗的单调感觉。往前，秫香楼北新建厂房极煞风景，乃在园墙之前栽樟、枫杨、黑松等略施遮挡，避免了抬头见工厂的弊病。这两例是采用多树种群植形式的遮挡，且与欲挡对象间距离较远的疏松性遮挡。

怡园大门几次改向、移位，人民路多次拓宽，将一座古园裸露在闹市通衢，为屏蔽园内景色不外泄，园外喧噪少进园，乃在沿街围墙漏窗旁配置芭蕉、蜡梅、修竹，为近距离遮挡，差强人意地"屏蔽了疏漏"。网师园主厅万卷堂西山墙正好位于中部主景区中，山墙高耸连接后厅五峰书屋、撷秀楼的山墙，故连片墙面似觉单调。因在墙根植木香一大丛，沿墙扶摇而上，绿色加花香，遮挡了墙面又丰富了园景。留园石林小院中揖峰轩旁有湖石一峰，但不瘦不透，为掩盖丑态乃植枸杞于峰旁，令其缘石而生，经此遮挡顿觉秀色中具生气！如此等等，园林中应用遮挡手法十分广泛，适宜应用，贵在多看多想自有妙笔佳构形成。根据现存古典园林的实际景观看，遮、挡手法在景点恢复、改造等方面尤为适用。

2.露、衬

是通过植物将园中一些观赏重点，部分或大部显露，使之更为突出。有时遮挡合宜也具有衬托的作用，使重点显露，故此四种手法实际上是相辅相成，并无严格区分。通过露、衬、遮、挡的配置手法，常可达到修正、弥补景点之某些缺陷，渲染、强化某些特点。较有代表性的例子，如留园冠云峰、瑞云峰、岫云峰三大著名峰石，如没有植物衬托，就觉孤立无援更难显示其峻峭、劲拔。配置紫薇、瓶兰、修竹、山茶等花木，便觉富有生气，更有那枸杞古藤穿梭在透、漏的孔隙中，孤峰变活了。许多植物性景点确定主景植物后，尚需选栽配景植物以衬托，使主景植物更加显露。例如问梅阁前梅花为主景，主景应有较多的数量和主要的位置，衬托性的植物如紫薇、海棠宜选体量小而离梅花较远的位置栽植。海棠在仲春开花，紫薇在夏秋开花，这样更突出、显示了"万花敢向雪中出，一树独先天下春"的梅花性格。这样的衬托不但具外形、花期上的衬托，更兼内在特性上

留园石林小院

怡园入口月洞门

高树掩映水系萦回，亭子与洞门相向，北寺古塔似在园中

绿树丛中的沧浪亭

的相互关联了！

拙政园远借北寺古塔的"空中通道"，也是在众多的树木遮挡了附近民房的屋面后，才能使古塔隐约地显现在绿荫碧水之间。因此，景深极深、视距极远，园景也就感觉无尽无际了。同样许多假山，如无四时花木为衬，无草木为"毛发"，则无四时之景可赏，就如一堆乱石毫无生气。为遮挡堆掇的斧凿之痕，可用麦冬、鸢尾、蝴蝶花、沿阶草、虎耳草、箸竹等。沧浪亭山间的箸竹更成为著名景点，可见其特色了。若为挡却几许山石之拙，可用络石、薜荔、常春藤等，使之攀附山石之上。

最后，再用孤植、丛植、群植等种植设计专用名词，分析、总结古典园林中的配置形式，从中或可更能有利于仿效！

3.孤植

古典园林中孤植形式大致可分成五个方面：

一是基地上留存的老树、名人手植树。前者如狮子林问梅阁东南水池边的银杏，古

拙政园木香棚架

五松园中的松，网师园看松读画轩前的圆柏、罗汉松等都是；庭院中如残粒园轿厅后之广玉兰是因树而建造的厅堂。拙政园西部原戏台前（今园林博物馆）的紫藤，系明代名画家文征明手植，缠绕错节、气势万千，观者嗟叹其古老雄健，观赏价值极高。这些都作为主要园景树对待。

二是棚架、石隙中攀缘的紫藤、木香，如狮子林、留园、耦园中棚架上，拙政园远香堂东北山坡下，网师园殿春 前、水边黄石山体上的紫藤，拙政园倒影楼东北面、沧浪亭面水轩北通道中的木香大棚架，和前已提

紫藤棚架

怡园水边白皮松

网师园射鸭廊前黑松

及的网师园水边万卷堂西山墙上攀附的木香，也都是孤植的范例。其中虽然有的不是严格的孤植，而是一棚多株或一栽植点有多株，但因同一树种、同一观赏效果，所以仍按孤植处理。

三是树形秀美、姿态扶疏。可以入画的某些乔木，配置于山峦间、水池边，为烘托山

耦园山水大空间

势活泼水景而起重要景观作用的单株，如网师园、怡园水池边的白皮松，网师园射鸭廊前的黑松（老树枯萎后已补植），拙政园松风水阁旁的大榔榆，留园绿荫轩旁的鸡爪槭，山上的南紫薇，环秀山庄山腰间的紫藤等，都能形成各自的景观或构图中心，是较典型的孤植。

四是生长慢、数量较少的大树或特色树种，如耦园山腰的榉树、网师园集虚斋后的木瓜海棠、琴室南庭院中的石榴老干，拙政园小沧浪西北面、网师园梯云室南面的构骨冬青，红果累累，在绿叶相映下常使游人留恋驻足。

五是在走廊之曲、院落侧隅、陪弄、天井等极小的空间中，常用芭蕉一丛，修竹几株或天竺凭石等，以某一种小灌木为中心的配置，也应是孤植的一种。

这些，与现代园林相比较，虽有共同处但因条件不同，所以手法也有一定差异，值得进一步总结。

4.对植

以仿效自然为宗旨的古典园林是不采用对植的。但受伦理观念的影响，厅堂等功能性建筑都是有轴线的，多数是大门、轿厅、正（大）厅、女（内）厅、楼室等一进又一进

竹深深　　　　　　　　　　　小空间的绿色景境

拙政园远香堂

地沿主轴线建造。每进之间都有庭院（较小的称天井）供通风采光，而在此庭院中便用对植形式配置乔木遮阴，形成 "槐荫当庭"或如同"国朝殿庭唯植槐楸"的景观。大门口照墙前也用对植，树种以榉树为多见，樟树为乡土树种深根性，照墙前偶尔拴马不易被马折倒。再就是大门东西两侧用垂枝盘槐对植，与抱鼓石两两成双。典型的对植都在建筑物前，如网师园万卷堂前玉兰对植，曲园春在堂前的玉兰对植，狮子林燕誉堂前玉兰的对植，沧浪亭明道堂前圆柏、玉兰双树种的双对植，以及拙政园兰雪堂前用玉兰对植并配白皮松、天竺等的多树种对植等。对于位居园中的厅堂，就不再应用对植这一呆板的形式了，如拙政园远香堂前（因系四面厅），就完全避免了这种人工气氛强烈的对植。

5.丛植、群植

古典园林限于土地面积较小，所以丛植、群植应用不多。即使应用，树种的总量也极有限，所以特别重视种间、种内关系的协调，更着重种群的群体形态和物候季相变化，也就是说平面构图和空间关系都要求合理。从种群关系来说，完全符合并体现了太湖丘陵地区的植被情况，是与亚热带北缘地区常绿、落叶针阔叶混交林的地带性植被相吻合的。所以，群体生长稳定，种群结构既符合生物学特性，也能满足园林观赏的需要。在具体配置上既考虑到园林内外关系，也采用了"法天象地"式的极自然的手法。较具代表的群植如

拙政园东部山林秋景

怡园螺髻亭

拙政园东部秫香楼两侧，该园东部相对于中、西部是因新修复故较空缺，而外部环境由于北面新开发了厂房，破坏了原来幽静疏朗的自然条件。故在北侧栽枫杨、梧桐等大乔木，并间以黑松、罗汉松使针阔叶兼备，这四种乔木本身就具备了高低层次，又因错落有致，故在屏蔽厂房的同时，看起伏的林冠线如同山林的远景一般。在这些乔木之南，点植几株枣、柿丰富秋色，离离枣实与殷殷柿果相映，常能得到游人的赞赏，这时槭叶正红，又兼有鸡爪槭、荷叶枫、蓑衣枫等多种叶形点缀于群体的外缘，角隅又有女贞弥补空隙，小路边则有月季与峰石相配，火棘红实、

书带草蓝果同样使秋冬时节丰富了色彩与活力。所以，这一群丛虽然树种总量不多，但立面与平面效果都符合美学与生物学原理，也就是说，空间效果十分理想。

中小型园林中也有群植的例子：怡园水池北面山峦，螺髻亭被掩映在三角枫、银杏、圆柏、槭、桂花、黄杨等绿树丛中，特别有些树木都依山就势地如同自然山林，看不出一点人为栽种的痕迹，起伏的林冠线中隐约着螺髻亭的宝顶，真像群山丛林中忽见一架凉亭，显得深邃莫测，加深了空间景象，浓郁了山林气氛。耦园吾爱亭旁，也是榉、朴、梧桐、女贞和慈孝竹，下面间植了紫藤、碧桃等花木，组成了乔灌木相配合的自然林。粗犷浑厚的黄石假山与之相组合，更富天然意趣。

南雪亭、问梅阁、瑶华境界等用梅，小山丛桂轩、金粟亭、清香馆、闻木香轩旁用桂花，都是主题性的单树种的丛植，偶有配景性的伴生树种作为衬托，形成了较特殊的富有文学气息的丛植。

总之，古典园林中，不论任何一种配置形式，都非常注意树木与群体、周围环境、时令季相、主人情怀等的协调，也即是十分重视意境的形成和特色，这就是古典园林与现代园林显著不同之一。

四、按传统文化习俗取裁植物景境

受科学水平的限制和传统文化的影响，古代士人们在从事生平大事之一的造园造景，以及把心志寄托于园景的同时，更希望图祥瑞、谋吉利。朱熹在《诗经集传》中称："比、兴"，"状物抒情，多有寓意。所谓比者，以彼物比此物也；兴者，先言他物以引起所咏之辞也。"就是通过比拟联想的方法，把园主图祥瑞的心态，与某一园景相比拟，或者倒过来说，把某一园景比拟或象征园主的心态和思想感情，而最易比拟联想的莫过于植物。因植物极富文化内涵，又有良好的观赏功能，采用植物作为"比、兴"的材料是很适宜的。所以常在配置植物时寻找植物的某些特点，应用于园景，一般会选用有吉祥内涵的植物。据古籍所记某些植物种类的吉祥含义，将其配置园中趋吉避凶！如晋·嵇康《养生论》中说"合欢蠲忿，萱草忘忧。"栽植合欢可以消除愤怒，忘却忧愁，岂非美事？故在居室，书房附近尤喜配置。又据《齐谐记》："京城田真兄弟三人，等分家产，最后分剩紫荆一株，共议将其锯割成三而分之。次日刚欲动手锯分，树忽枯焦，兄弟三人见而大惊，感悟而停止分割，树忽又转荣。兄弟三人遂和睦共处，孝悌称于邻里。"于是，紫荆便成为兄弟和睦之象征，多子女家必栽。《北史·魏收传》中以石榴为齐安德王祝贺婚礼，祝愿多子多福，这在民间是广为流传的，这是民俗式的配置。此外，松柏除了用于"比德"坚强外，也用于状兴式栽种配置，"松柏同春"、"松鹤延年"等口彩，人人喜爱，文人也难免俗。

第二类是取植物名词的谐音，以比喻某种祥瑞，即所谓"口彩"性的配置，例如应用极广的玉堂富贵的配置：取玉兰、海棠、牡丹、桂花同栽于庭院中，或某一局部，其中除牡丹是取义外，均取花名中的一字谐音组合而成。但这四种花木花期分列春秋两季，株形尚不太大，桂花尚较耐阴，故同栽一处而相沿流传了。应用多了就觉俗气，与此类同的是"前榉后朴"[①]的配置，即大门前，或照墙前，或轿厅前，对植榉树，后院、后门旁则种朴树。

与上述相反的则又因植物的某些字音，与"口彩"相反，故被排斥于园景之外。例如：银杏别名白果，白果者白白无成果之谐音，故家园中便不愿栽种。目前园林中的白果

---

① "前榉后朴"系民间俚语式的"口彩"，即前门植榉，祝愿子孙读书能中举，达到科举取士的目的；后门植朴，朴，仆同音，后者有仆人伺候。

大树，如狮子林山水景区、留园中部、怡园、沧浪亭等山水景区的银杏大树，都是基地原有，是由家庙、宗祠改建而留存的，而寺庙殿堂前、甬道旁又是银杏的适宜栽植场所。故有的园林中有，大多家园中则无。

又如"椿萱并茂，兰桂齐芳"八个字，是指椿、桂、玉兰（或兰花）、萱草四种植物[②]，制成一幅对仗工整、雅俗共赏的联句，是对长辈的祝颂和对下一代的期望。用当前流行的话来说是以人为本的绝妙祝福，苏州各园虽无这样的手法，但却十分适合住宅小区的配置。

---

② 《庄子·逍遥游》："上古有大椿者，以八千岁为春，八千岁为秋。"以其多寿，故喻父寿为椿寿，主庭为"椿庭"。《诗·卫风·伯兮》："焉得谖（萱）草 言树之背。"汉· 牟融《送徐浩》诗："知君此去情偏切，堂上椿萱雪满头。"喻母为萱堂。椿萱并茂是祝福父母健康长寿之意。兰桂是对儿孙的美称。《红楼梦》中写道："将来兰桂齐芳，家道复初……"是对儿孙辈的良好期望。

附录一　古树名木的养护管理与复壮

古树是园林中的绿色瑰宝，也是悠久园史的佐证，被誉为活的文物，增加园中的古老气氛。但古树名木的标准是什么？树龄如何确定？均难得出定论，现据《中国大百科全书》农业卷"古树名木"条的定义是："树龄在百年以上，在科学或文化艺术上具有一定价值、形态奇特或珍稀濒危的树木。"并自100年到1000年树龄的古树划分为四个保护等级。《江苏省古树名木评价鉴定标准》的意见：树龄百年以上是古树；300～500年生属二级古树；500年生及其以上属一级古树。沧浪亭是宋代园林，按理应有一级古树，但大多是百龄左右的大树；狮子林、网师园原有古松柏大多已枯死，看松读画轩前的古柏仅剩一个侧枝，其他各园林也很少见到老树。总之，从现有各园树木的树龄看，都与园史的悠久不相称。因此，保护现有大树，使之延年益寿长盛不衰是十分重要的工作。

一、古树衰败、稀少原因分析

"山林"位于城市，其所受的干扰大于真正的山林，人口稠密、活动频繁、树木生态条件不良都是影响古树存在的原因。这种影响因素又可分为人为因素、自然因素两大类。

1.人为因素

兵燹破坏是人为因素中最严重、最直接的因素。例如：太平天国军进攻苏州时，阊门外上塘河、枫桥一带，大火焚烧三天，屋宇尽毁（大片屋基地现为苏州农校宿舍），留园中的房屋树木也同时遭殃。沧浪亭在城南，太平军未到，故未受战祸影响，留存了一些老树。抗日战争时留园被日军占领，拙政园也遭日军轰炸，后虽因汪精卫伪政权将拙政园作为江苏省省政府所在地，保留了建筑物，但园林失管，杂树纷生，景点被破坏。解放战争期间，留园被驻军作为军马饲养场，摧残严重。

除战祸破坏外，园主更易频繁，产权不断变更，影响亦大，例如王心一的归田园居，未遭战乱破坏，但园主几经更迭，到20世纪40年代园林已分割成民居，山树破坏，池水填平，一部分房屋作为殡舍。中华人民共和国成立后，经主管部门努力修整，也难复原貌，古树自然也就不复存在了。近年来政治稳定，这种急剧的破坏已不存在，但自开放游览后，众多的游人（拙政园年接待国内外游客130余万人次），行走践踏土壤板结，常年不断地维修，石灰垃圾残留土中，都直接或间接地影响了根系的生长。此外，人流增加后，病虫害的传播也随之增加，如20世纪60年代后期，灵岩山大片马尾松被松干蚧危害，造成全山松林毁灭。据调查，松干蚧国内过去从未发现，随着林木进口增加，害虫随木材带入国内。游人有时也会无意识地带入病虫害，如病毒会随卷烟传播等。

2.自然因素

雷击是直接伤害古树的因素之一，园林中雷击虽少于山区，但也会伤及古树，如苏州文庙的一株明代银杏便因雷击而烧伤半株。台风伴随大雨的危害更为严重。苏州6214号台风阵风12级以上，过程性降雨413.9mm，拙政园百年以上的枫杨被风吹倒，许多大树被风折断。承德须弥福寿之庙妙高庄严殿前三株百年（据年轮）油松，于1991年夏目睹被大风吹倒。又据苏州水利局根据资料统计：自公元900年（唐天复元年）到1900年（清光绪廿六年）的1000年中，共发生洪涝灾害386次，其中因大雨大风而引起"拔木仆屋"、"大风折木"34次；清同治《上海县志》："明嘉靖元（1522）年……大风自北来，拔木飞瓦，崇寿寺银杏大数围，拔起仆地。"又如1991年夏苏州大雨，内河河床淤塞，水容量减少，蓄洪不及，致使低地积水数天，树木烂根多有死亡，留园池边一株青枫老树，便因积水烂根，因根腐而引起枯梢、皮层脱落，终于枯萎。严重的冰雪也有一定的危害，如苏州市1970年3月13日、1977年1月30日、1977年2月9日大雪，积雪15~17cm，一些常绿阔叶树的老弱枝被雪折，市内唯一的一株红豆树，也因雪折而冠形残缺。

关于病虫害一般是能理解其危害性的，但因古树高大防治困难而失管，或因防治失当而造成更大的危害，如洞庭西山一株古罗汉松，因白蚁危害请房管所防治，结果施用高浓度农药后，古树被药害而死亡。所以，用药要谨慎，并应加强综合防治以增强树势。另外，一些新的病虫，如银杏超小卷叶蛾、黄化病等应注意及早防治。

从以上回顾可知：古树稀少的原因，主要是人为因素。所幸现在政治稳定，园林产权大多由国家掌管，这两点最严重的影响已不复存在。当前要做的首要工作是加强对古树、大树的日常管理和复壮。

二、古树复壮的理论基础

复壮一词本是指恢复物种种性，即遗传性，是遗传学名词，后来则泛指恢复有机体生活力的各种措施。本书也沿用这一习惯用语。

生物体都有其生老病死的生命节律，都有一定的生命期限，在此生命期限中采用各种有效的措施，使之健康长寿应该是符合科学的。树木的复壮也应该是在这样的概念下进行。可是树木的生命期限是多久？对于概念中认为是长寿的银杏、榉、樟等乔木树种而言，他们的寿命应是多少？这似乎至今尚难以得出确切的答复。仅就手头的资料而言，有报道的最长寿的树要算是塔斯马尼亚西北部的里德山雪线以上的水松，据当地林业部门的迈克尔·彼特森认为该水松已生活了4万年之久。[①]山东莒县浮来山定林寺一株银杏，根据《莒志》记载："春秋鲁隐公八年鲁公与莒子曾会盟于树下。"清顺治甲午年（公元1654年）莒守陈全国又刻石立碑于树前，碑文中有："浮来山银杏树一株，相传鲁公莒子会盟处，盖至今三千余年。枝叶扶苏，繁荫数亩，自干至枝，并无枯朽，可为奇观。……"可见该树树龄3000年是可信的。陕西周至县楼观台的一株银杏，相传是春秋时代老子（李耳即老聃）讲学处，估计树龄2000年上下。[②]众所周知的陕西黄帝陵轩辕庙前的"黄帝手植柏"、"挂甲柏"（均为侧柏），虽无法确证其为黄帝所手植，即无法确证其有4000余年的树龄，但至少2000余年是毫无疑问的。台湾阿里山红松（*Chamaecyparis formosensis* Mat-sum，台湾扁柏）树龄也在2700年左右，《据中国大百科全书农业卷·红松》称：该树已于1960年枯死，但附近尚有5株古红松。国外则有著名的北美红杉（*Sequoia sempervirens Endl*）树龄亦在4000年以上。从这些长寿树种的树龄看，树木的寿命是极长的，可以以世纪来计数，目前园林中所见的百年老树，真可说是儿童时期，生命潜力正旺。从现象上看确实树木是具有长寿的潜力，但从生理上看是否都能长寿呢？笔者对此特从1992年9月下旬到1995年4月连续测定银杏、雀梅藤的老株，并以幼株作为对照。测定的重点内容是树体内活性氧防御酶系统的酶活性及非酶类活性氧清除剂等生理指标。防御酶系的酶活性主要是SOD（超氧化物歧化酶）、POX（过氧化物酶）、CAT（过氧化氢酶）；非酶类活性氧清除剂主要检测了类胡萝卜素。测定结果表明老树具有与幼树相似的生理代谢能力，详细结果见附表1与附图1～附图5。在详细介绍与分析测定结果前，先简要介绍一下关于活性氧及其清除剂。

生物体内活性氧如超氧化物阴离子自由基（O_2^-）、过氧化氢（H_2O_2）、氢氧自由基（HO·）、单线态氧（$^1O_2$）、氢过氧基（HOO），以及脂质自由基（R·）、脂质过氧基（ROO·）、脂氧基（RO·）等积累过多后，将危及膜脂的过氧化氢，促进膜脂脱脂作用，从而破坏细胞的膜结构，也就是自身生物氧毒害的氧化性破坏作用。

植物细胞在自身的代谢过程中，会在多种途径中产生自由基，主要是活性氧。当H_2O_2与O_2^-相互作用时，将产生更多的自由基，即著名的Haber-Weiss反应。但细胞内同时也存在着自由基的消除系统，正常情况下，两者之间维持着动态的平衡。酶能与自由基反应，并产生稳定的非酶类有机物，有机物的多少，标志着活性氧清除能力的强弱，也即是反映了生物体的健康状况。因此检测活性氧的防御系统，常能了解生物体的健壮或衰老与否。

①据1995年1月31日《新民晚报》转引英国《每日电讯报》消息。
②孙云蔚，中国果树史与果树资源［M］．上海：上海科学技术出版社。

关于SOD，自1969年Mc coad和Fridovich首次从牛红血细胞中发现一种含铜的超氧化物歧化酶（Superoxide Dismutase）[3]即SOD后，受到了生物界的普遍重视，近几年来，商业界人士认为SOD加入化妆品后，可以防皮肤衰老等。事实上Mc cord在发现SOD的同时已证实其为存在于细胞中最重要的清除活性氧的内源酶。另外，CAT、POX具有分解H_2O_2的能力，避免了与O_2^-作用而产生更多的自由基。因此，当 SOD、CAT、POX三者协调一致时，可使自由基维持在一个较低的水平，从而防止生物氧的氧化性破坏作用。Fridovich等把这三种内源性酶统称为防御酶系统。而类胡萝卜素因可与$^1O_2$直接反应，VitC、VitE、甘露醇等可直接或通过酶的催化与O_2^-、H_2O_2或HO·反应，从而控制了自由基的含量[4][5]，是非酶类活性氧清除剂。

在植物衰老机理研究中发现：活性氧随衰老程度加深而积累增多；SOD、CAT、POX的活性则随之相应下降，同时还伴有丙二醛（MDA）含量的上升，即膜脂过氧化的加强。这一规律已在荔枝、番茄果实的成熟过程中，菜豆、水稻、烟草、燕麦等叶片的衰老研究中所证实[5]。Leshem YY.等指出豆类植物叶片中O_2^-的含量随衰老进程而增加。衰老早期SOD能有效地清除O_2^-，待衰老后期SOD则不能有效地清除O_2^-，因而易引起氧化性破坏作用[3][4]。这一点对检测老树防御衰老的能力有着十分重要的指导意义。笔者正是通过对SOD、CAT、POX及类胡萝卜素的测定，比较老树与幼株的防御衰老能力，再行判定老树的衰老程度，为能否复壮提供一定的理论根据。

从测定结果看，老、幼树体内活性氧防御酶的酶活性，并无明显的差异。老树体内清除活性氧的能力与幼树是近似的，也就是说老树的生理机能并未衰退。

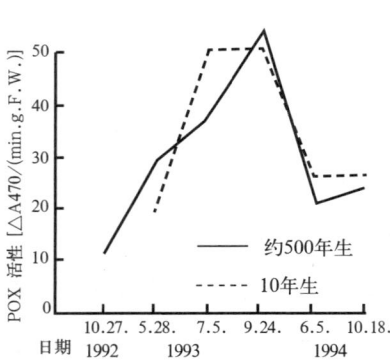

附图1 POX 活性

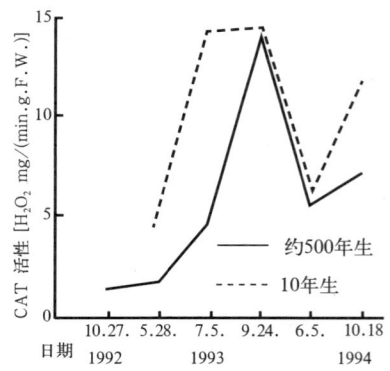

附图2 CAT 活性

③王宝山. 生物自由基与膜伤害 [J] .植物生理通讯，1988 (2) ：12～16.

④王建华等. SOD在植物逆境中和衰老生理中的应用 [J] .生理通讯，1989 (1) ：1～7.

⑤Michelson AM.et al. Superoxidi Dismustase [M] . London：Academic Press，1977：467.

从附图1~附图5看出：SOD等三种酶的酶活性是随树体年周期，即生长的盛衰快慢的变化而变化。两年的测定都显示了9月下旬的酶活性高于其他各期，可能是该时期地上部分即将落叶，地下部分根系正在继续生长，养分积累大于消耗，故酶活性也就较强；而5月下旬，虽然也是第一营养期的停滞阶段，但养分积累尚少，所以酶活性也就低于9月下旬。管理水平也影响着酶活性的强弱。例如：第一次(1992年9月下旬) 测定500年生银杏的SOD活性时，几乎微弱到不能测出，联系当时植株生长状况看，叶片黄化、生长量极小。待经冬春初步复壮处理后，第二年夏秋测定时，

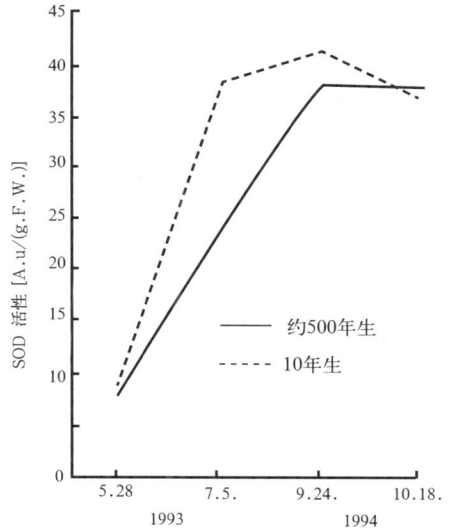

附图3　SOD 活性

SOD的活性就与幼树的SOD活性十分接近。为进一步证实管理水平是否与酶活性有关，特地选取了盆景雀梅藤约500余年生的老株[⑥]，与幼树对比，同时测定了三种酶的酶活性，经两年来的测定（附表1），证实了管理水平能影响三种酶的酶活性。表中数据显示了幼树的酶活性大多低于老树。经分析：盆栽古桩系全园之精品，勤于养护生长良好，而幼树量多管理较粗放，长势较差，个别尚有叶片黄化等现象。而在测定采样前半月左右，恰对幼树作一次松土、施薄肥，生长势转盛，于是造成了1993年9月24日SOD活性突然高出老树一倍的意外情况。这应该说是与管理有关的反映。因为盆栽植物根系有限，完全受人工控制，故管理后的反映是灵敏的。

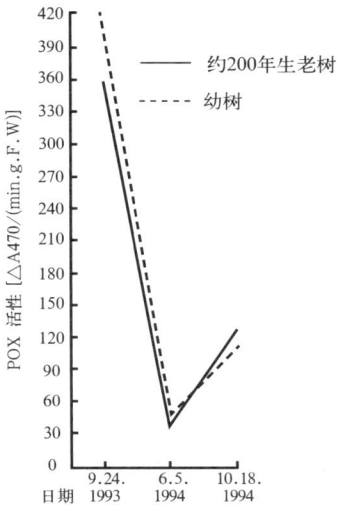

附图4　POX 活性

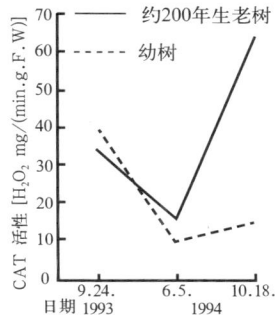

附图5　CAT 活性

---

⑥左彬森. 古桩雀梅 [J] .苏州园林,1992（5）：33.

附录一
古树名木的养护管理与复壮

非酶类活性氧防御剂的检测，于1994年6月测定了类胡萝卜素在老幼期间的差异（附表2）。结果发现：银杏、雀梅藤老树中类胡萝卜素的含量均低于幼树，但差距不大，这与三种防御酶的酶活性有类似之处。楸与紫藤则不同，幼树的类胡萝卜素含量反较老树为低。原因是楸与紫藤的老树生长势较好，经复壮处理后长势更强盛，枝繁叶茂，而幼树则长期失管，生长势弱。故胡萝卜素含量也就较低，说明生长势强弱直接影响类胡萝卜素的含量。银杏、雀梅藤老幼树间差异较大，虽经复壮处理尚难使其拉平差距，故类胡萝卜素含量也就较低。

老幼雀梅藤三种防御酶活性对比　　　　　　　　　　　　　　　　　　　　　　　　　　附表1

酶活性	POX 活性 [$\triangle$A470/(min.g.F.W)]			CAT 活性 [H_2O_2mg/(min.g.F.W)]			SOD 活性 [A.u./(g.F.W)]	
测定期	1993		1994	1993		1994	1993	
	7.5	9.24	6.5	7.5	9.24	6.5	7.5	9.4
明代古桩	74.42	125.46	51.21	65.0	95.10	58.40	40.68	55.17
幼　树	92.19	91.30	71.90	58.4	74.20	24.90	38.33	103.90

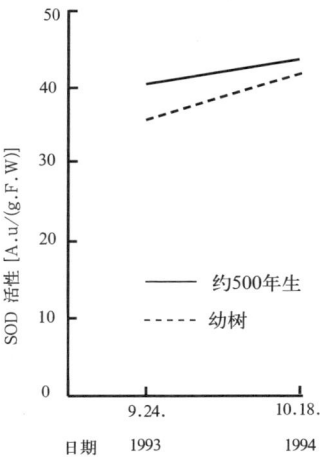

附图6　SOD 活性

从附图6活性氧防御酶系统的酶活性及非酶类活性氧清除剂含量，老幼树间的差异并不明显，且能随生长势的增强而增强其活性，说明老树的生理代谢机能依然正常，联系木本植物的生长方式：顶端、侧生分生组织的分生能力是无限的[⑦]，即在没有外界伤害的条件下，树木的生长是不会自行停止的。由此启示我们排除各种干扰，加强养护工作，老树是完全可以复壮的。此外，根据苏州市的一些实例，也证实老树是长寿和可以复壮的。例1，苏州市38中校园内（原天后宫）有一株元代樟树，树干粗1.5m左右，20世纪40年代被人齐地伐除，后又萌发侧枝，该侧枝至今已长成胸径达50余厘米的大树，现生长良好冠形圆满。例2，吴江市梅塘乡有一老橘园，园中东北侧有3株合抱粗的柿树，其中1株从基部分生3大主枝，现每一主枝的胸径也在30cm以上。据村民称：此3株柿树是被太平天国军队烧毁，后来又自行萌发侧枝，逐渐成长为大树。例3，苏州文庙有一株由明代（1430年前后）知府况钟重修大成殿时补植的银杏，树龄已逾500年，20世纪40年代被雷击烧毁半株，现经三年来的复壮处理，萌发了十余枝新梢，年生长量达20cm。这三例都说明了老树是有恢复生长的潜力的。

⑦徐德嘉. 古树体内活性氧防御酶系统酶活性的初步研究 [J] .苏州城建环保学院报，1995（6）：48.

老幼树体内（幼芽）类胡萝卜素含量之比较(1994.6)　　　

测定项目＼材料	银杏		雀梅藤	
	500年生	10年生	明代老桩	幼树
类胡萝卜素 [mg/(g.F.W)]	0.298	0.305	0.507	0.806
测定项目＼材料	楸		紫藤	
	500年生	数十年生	800年生	幼树
类胡萝卜素 [mg/(g.F.W)]	0.857	0.679	1.111	0.499

　　生理检测和一些实例分析展示了树木顽强的生长潜力，并印证了木本植物无限生长方式的正确性；但在自然界常可看到一些树木，并无机械损伤或客观干扰，也在悄悄地枯萎死亡。除了病虫害因素外，树木自身的因素有两点是值得注意的：一是木质部的理化特性；另一是潜伏芽生命和萌芽力的强弱。

　　木质部是支撑树体的骨架，骨架一旦枯朽则分生组织就无从依附，纵有强盛的无限生长能力，也有"皮之不存毛将焉附"的困难。木质部的理化特性中主要是密度、吸湿性和组织内含物，即组织中化学成分。参考木材学测定：密度最小的是毛泡桐，气密度仅0.278g/cm^3，最大的青冈栎为1.078g/cm^3（有些是用材树不予参考）。吸湿力与密度成反比，即密度小的树种较密度大的树种易于吸收空气中水分，当周皮层受损木质部暴露后就极易吸湿变潮。再说化学成分：凡含有木质酚类、黄酮类和单宁等酚类化合物的树种，如银杏等，都具有较强的抗蚁、抗腐的能力，又如侧柏中含有乔柏素（β、α、Jhujaplicins），其抗木腐菌的毒性与五氯酚相近；圆柏的心材中含有草酚酮类（Tropolone），柏科树木中大多含有麝香草氢醌（Thy－mohydroquinone）和雪松烯（a－cedrene），都具有抗真菌的能力；多数松树心材中含有3，5－二羟苯乙烯，对木腐菌也有毒性；杉木中含有的雪松醇也有抑菌作用。有些阔叶树如刺槐，含有刺槐素和二氢刺槐素故较耐腐抗蚁。鞣质含量在2%以上时，能抗菌，山毛榉科的麻栎、板栗、青冈栎的心材中单宁含量可达5%～12%，故较耐腐。某些芳香物质虽然并不影响组织的密度和吸湿性，但对防病菌、防虫蚁却有作用，如樟属树木中的樟脑和樟油，对蛀蚀性害虫和真菌都有较强的毒性，欧洲柏的挥发油中含有香茅酸，柚木中含有β－甲基蒽酮对白蚁有较强的毒性；桑树心材中的桑色素也有抗病菌的作用[⑧]。但是这种耐腐、抗虫特性是相对的，如果周皮层受损木质部失去了保护，这些抗病虫的化学成分便易损失，且暴露的首先是边材，边材中化学成分含量少、密度小，更易被病虫侵蚀，或因密度小吸湿性强而遭风化腐烂或木腐菌危害严重。如银杏、侧柏等虽然较耐腐、抗蚁，但当木质部长期暴露缺乏保护时，仍将腐朽成洞。不过这种危害过程较柳、杨、泡桐等密度小、不耐腐的树种缓慢

---

⑧成俊卿. 木材学 [M] .北京:林业出版社, 1985: 343, 891.

得多，为复壮工作提供了有利的条件。

再者，便是潜伏芽的生命力和萌芽力问题。从理论上说，激发休眠芽的萌发，有了芽叶便可依靠蒸腾拉力，推动根系的吸收，从而带动整体生长活动。而潜伏芽的萌发首先与树种有关，其次与生长势强弱成正相关。生长势强，树体养分充足，一旦激发，潜伏芽就可活动萌发。再从细胞生理来看，尚与树体内细胞分裂素的含量水平有关。资料表明：休眠芽中不存在细胞分裂素，而活动芽则含量较高。因此，笔者试图应用6-糠基氨基嘌呤100ppm（100×10^{-6}）的羊毛脂，涂布在朴、枇杷（树龄约百年生）的树干上，激发潜伏芽的萌发，结果未能成功，试验虽然失败了，但经处理的树干周皮显得光滑柔嫩，显现了生理活跃的态势。从中启示了今后应对不同的树种寻找适宜的细胞分裂素种类、浓度和涂布方法等作全面探索。也就是说，激发潜伏芽的萌发，除了常用的强修剪、刻伤外，其他非创伤性刺激的方法，即用外源激素的方法激发潜伏芽萌发，尚待进一步研究。

以上，从木本植物无限生长方式、活性氧防御酶酶活性的比较方面，说明树木的寿命虽然漫长，但尚存在许多难以制约的不利因素，故衰败现象是必然的。

三、古树复壮的措施与养护

复壮措施必须针对衰败原因，古树衰败既然原因众多、情况复杂，所以复壮也就只能根据调查观察而定。通常，复壮措施可分为对地上枝干的保护和对地下根系的助长两大方面。但这两大方面也不能截然分开，应互相兼顾综合进行，才能获得较好效果。

1.地上部分的复壮措施

地上部分的复壮，是指对古树树干、枝叶等的保护与促使生长。对这部分的保护与复壮，是整体复壮的重要方面，但不能孤立地不考虑根系的复壮。从衰败现象看，常表现出树干腐朽、空洞、大枝受损、冠形残缺、顶梢枯萎、枝叶凋零、病虫危害等等。因病虫危害及防治的专著较多，故本书不作讨论。重点对其他几种衰败现象，分别予以讨论和提出复壮措施。

1）树干腐朽、空洞、木质部大多被腐蚀的挽救措施　由于这类损伤大多是周皮层受人为创伤，继而被雨水侵蚀，引发木腐菌等真菌危害。日久形成空洞甚至整个树干被害，具体措施有：局部空洞，大部分木质部完好，常用108胶加混凝土填充捣实。该法早已推广，但尚有两点不足之处：一是水泥封涂与树皮相平，甚至还凸出一些，于是洞旁边缘尚生活着的周皮组织和形成层无法将水泥涂层包被封没。不出数年水泥涂层开裂，水分入侵，在内部继续腐朽。因此，涂层要低于树干的周皮（习称树皮）层，其边缘要修削平

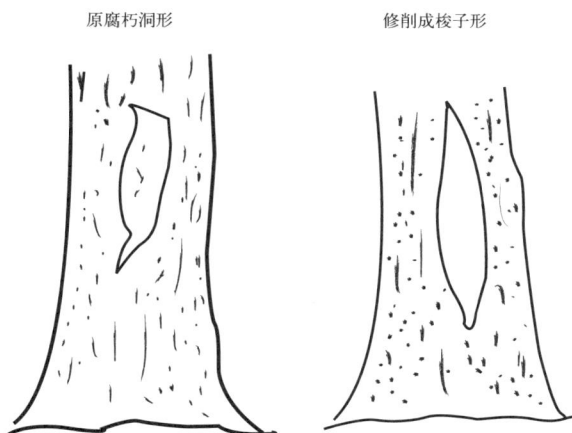

附图7　树洞修削

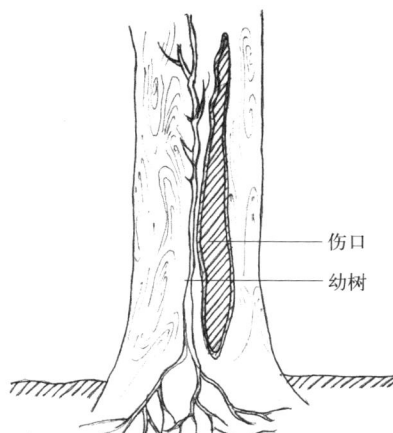

伤口
幼树

附图8　银杏复壮

滑，水泥等污染物要冲洗干净，以利周皮和形成层生长包裹涂层。今用聚氨酯涂封，操作方便与树洞周边易密接，也不易开裂，是较好的封涂材料。二是树洞要修削平滑，并修削成竖直的梭子形。使周皮层下、韧皮部上的形成层细胞，较易按切线方向分裂，较快地将伤口包被。因此伤口边缘要光滑清洁。但横向梭子形破伤太重，反不利愈合。附图7所示，修削之后伤口虽略有扩大，但因其顺应了形成层细胞的分裂方式，所以证明是较为合宜的。

若伤口深而自上而下地延及整个树干，单纯地用水泥混凝土固封已不足以抗御横向风力，必须先清除朽木泥土，然后插入钢筋，钢筋直径依洞的粗细、高度而定，粗的需3～4根扎结成束，像柱子一般，然后水泥灌注捣实。洞面处理如上。有时为美观起见，将水泥涂色，绘树皮纹斑，伪装成树皮状。

伤口纵长，估计短时期难以愈合的，可在树旁栽小树，靠接在古树伤口旁，利用幼树的生长，只要有一侧能相互愈合就可以加快愈合进程。附图8是南通天南大酒店庭院中一株受伤严重，但木质部尚未腐朽之古银杏复壮实践之示意。因伤口都是纵条状撕裂，故做此试验：对每一纵裂伤口旁均栽一小树，靠接在古树伤口一侧。两年来生长良好，加快了愈合。如若创伤较深，那么在用钢筋水泥固封后，也可在其旁植小树靠接，不仅愈合加快，一旦成活更因增加根系，可增强树势。该法的关键在于靠接技术要好，对松柏类树种不易成功，古柏的形成层薄，松树多松脂，故均难靠接成活，银杏则是较易成功的树种。

伤口呈环状的危害最大，严重的就将死亡。但银杏的潜伏芽萌发力较强，受环状伤害的古树，处理及时也有复壮可能。附图9是南通市华联商场前街心绿岛中的一株明代银杏（原为尼姑庵门口之大树），道路拓宽时被钢索牵拉，在基部产生一环状剥皮状创伤。该环状宽达30cm左右，且尚有纵条、纵片状剥落，养分、水分已不能沟通，故地上部分已

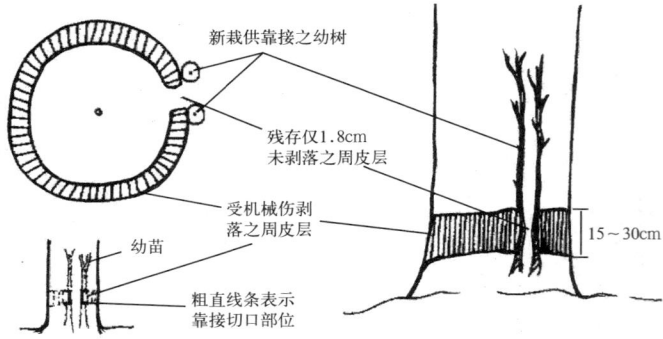

新栽供靠接之幼树

残存仅1.8cm
未剥落之周皮层

受机械伤剥
落之周皮层

15~30cm

幼苗

粗直线条表示
靠接切口部位

附图9　呈环状剥皮状创伤的古树分析图

枯萎，两年后（即1994年）笔者发现这一情况后，试图嫁接，靠接复壮，当时因未获有关方面支持而未能施行。1995年4月在南通市绿化管理处一位副主任的支持下，挖开表层渣土，发现有一极细小（不足2cm）的周皮层尚连通，乃在此周皮层两侧靠接两株小苗，接口处用 100ppm IBA羊毛脂处理，一月后发现上侧大株上有潜伏芽萌发，于是在此萌芽枝下再靠接较高的小树苗，经夏季生长一段时间后，有一大枝可望成活。设若该靠接提前两年进行，在树周多栽一些小苗，以小苗作乔接状靠接，估计复壮成功的可能性将会大得多！该试验虽已初步成功，但在1998年整株古树已被挖除，最终仍未获成果。

关于用小苗代替枝条作乔接状靠接，使其沟通水分、养分的输送，原因是小苗有根系，嫁接处不易干枯较易成活，嫁接愈合后小苗尚有扩大吸收的功能，较适用于大面积创伤。局部小面积的伤口，则用一年生带侧枝的枝条嫁接较为便利。

2）伤口浅、面积广的树干外伤，首先应清洁表面，用硫酸铜水溶液消毒，待干后涂抹保护剂，保护剂种类很多，过去提倡用虫胶和清漆，但费用较高、耐久性差。笔者在天目山对金钱松老树创伤，涂抹天然桐油反复两遍，经两年后用扩大镜检查，表面依然光滑完整，无丝毫裂纹，估计再隔2~3年也不会剥落。

过去，曾用液状柏油（水柏油）涂布，虽未见药害，但对形成层生长不利，涂抹时绝对不能玷污皮层和伤口周缘活组织部分。

对冠形残缺，但又必须使其恢复完整冠形的，也可采用靠接法补缺。但这要有足够的空间供栽植小树，然后再把小树靠接在残缺处的新生枝条上，若无小枝可利用，则靠接较难成活，借助IBA有一定效果。

3）对被风折断一部分大枝的树，也可通过修剪缩小原来冠径，逐步使其生长完满。对病虫危害，地下根系受损，顶端枯梢，生长衰弱，枝叶早落等衰弱现象，常可通过修剪使其改善树冠枝组的通风透光条件，使潜伏芽转为萌发芽，弱枝逐渐变成强枝，冠形也可逐渐完整，生长势也就由此而不断加强。修剪的强度要根据树形、树势、树种而定。总的原则是落叶树的修剪强度可略强于常绿树，衰弱大树略强于壮树，伤残树强于一般树；冬季休眠期修剪可强于生长季，生长季修剪以抹芽（控制冠形）、摘心为主，冬季修剪以疏枝为主，短截顶梢为辅。不同修剪目的，应有不同的修剪要求和方法：以刺激萌发侧芽作为主枝的，应疏枝结合短截顶芽；以调整冠形为主的，应疏枝多于短截，疏除密生枝、弱枝，使留下枝条得到较好的生长条件。为控制冠形过大，则短截顶梢的数量应大于疏枝等等。总之，修剪工作须依树形树势而定，不能公式化。

修剪复壮实例：浙江普陀山村路旁一株古香樟，树干受伤木质部暴露，大枝枯折、偏冠，内膛枝稀密不均，残桩、枯枝较多；通风不良、内膛光照微弱。经疏去密生弱枝、修剪残桩、伤口，短截外围强枝。改善了树冠内膛通风透光条件，光照由原来2000～4000lx，增强到12000～15000lx（当时外面空旷地60000～70000lx，1993年4月15日测）。两年多后冠形圆整，枝组分布均匀，生长正常。

必须重视的是：地上部分修剪的同时，要深耕松土，使根系得到相应的发展。这一做法是在果树生产实践中，以及各地老树复壮的经验总结中所证实了的。

4）凡是能结果的古树，如银杏的雌株、木瓜海棠等，盛果期如遇强风，极易风折，应予支撑保护。这对保护冠形的完整是十分有利的。另外，树冠中的弱枝如必须保留时，也应该设法支撑，以免折断影响冠形的完整，如黄山迎客松的一个大枝就用支撑保护着。

5）清洁并刮净树干及大枝的表皮（如悬铃木夏初自行剥落的表皮）。树干、大树枝上常寄生各种病虫、苔藓，甚至藤蔓缠绕，或轻或重地影响着生长。刮洗干净既能减轻病虫危害，还能使周皮层中的栓皮形成层加速细胞分生，有利加粗生长。如榉、榆、朴、板栗、黄檀等表皮常自然剥落，届时可人工辅助，促使剥落干净；有些树种的表皮常自然形成各种可供观赏的纹理，如马尾松的龟裂状等，这类皮层不能刮除，而应扫净苔藓类附着物。

6）预防雷击伤害。风景区、园林中的古树，较高大的易遭雷击，应设避雷针，如有建筑物可结合建筑物设置避雷装置。避雷针接地线入土时要离树根较远，以免伤根[⑨]。

2.地下部分的复壮措施

地下部分复壮目标是促使根系生长，措施是土壤管理和嫁接新根，辅助老根的生长。

树木生长最佳的土壤条件是：土层深厚，表层为疏松的沙壤，底层有粗砾；酸或微酸性反应；有机质丰富。这样的土壤对古树尤其适宜，现举三例说明。

实例1，浙江普陀山"千年古樟"，生长于山的下坡，表层是砂黏质红土，底层CD层（母质层、基岩层）是深厚的由花岗岩半风化而成的疏松砾石，pH值 6～6.3[⑩]。

⑨胡一民. 雷击对古树名木的影响及其防治措施. [J]，中国园林，1994（3）：39～40.
⑩舟山地区林科所. 普陀山占用名木资源调查总结报告 [R]，1983.11.

实例2，吴县洞庭西山的古樟，生于低山坡，土层深厚，表层是耕型黄棕壤，CD层是第四纪酸性基岩风化残积堆积物；pH值A层6.3、C层6.6。

实例3，笔者于1961年冬、1962年冬分别栽植两批银杏苗（3～4年生）于苏州市郊区。前者土壤是新平整后的白土[①]（即表层铁、锰等淋洗下移，下层为黏土层），雨后黏重，干后板结；后者土壤是河边的屋基地，经数十年人为活动后石灰大多淋溶，残存瓦砾较多（已碎成粗砾状），其底层原始自然土是山地黄壤。33年后测定：生长在白土上的银杏，胸径12～16cm，生于河边残土上的银杏胸径已达60cm强。

上述三例特别是实例1和2经土壤深耕疏松后生长良好说明土壤疏松、通透性良好，根系易于下伸的生长就好，树龄也就可望长久。根据这样的总认识，以及参照各地特别是"北方古树名木复壮课题组"的报告，提出以疏松土壤为总目的措施如下：

1）深耕松土。操作范围应比树冠宽大，深度要求在40cm以上，即要重复两次才能达到这一深度。园林假山上不能深耕时，要查根系走向，用松土结合客土复土保护根系。

2）开挖土壤通气井（孔）。北京天坛公园在古柏林地中，挖深1m，四壁用砖砌成40cm×40cm的孔洞，上覆水泥盖，盖上铺浅土植草伪装。笔者在天目山和普陀山则利用当地毛竹，取1m多长的竹筒去节，相隔50cm埋插1根，若用有裂缝的旧竹筒，筒壁不需打孔腐烂后当肥料。

3）耕锄松土时埋入发泡聚苯乙烯。可利用包装后的废料，撕成乒乓球大小，数量不限，以埋入土中不露出土面为度。聚苯乙烯分子结构稳定，目前无分解它的微生物，故不会刺激根系。掺入土中后土壤表现容重减轻，气相比例提高，有利根系生长。

4）埋入树枝。将修剪下的枝条剪成30cm长，横埋入土，也可增强土壤通气性。腐烂后也是良好的有机肥。但这要注意离根系远些，以免腐烂时伤根。

5）更换干周污染严重的土壤。树冠下的土壤在管理不善的情况下，易受各种人为污染：在风景区中常见树荫下设摊营业，经营饮食，油污直接排放树旁土中；堆积垃圾，垃圾中塑料包装废物、玻璃瓶等难以分解；倾倒建筑垃圾于树旁；游人践踏；下水道破损漏水等等，都使土壤严重污染不能短期内恢复原状。如普陀山前寺旁一家个体户饭店，污水直接排放树下，一年多来使一株百余年生樟树叶黄早落。后经处理，更换新土后树乃复生，第三年才恢复生长。

另外，古树长期固定在一地，土壤中一些微量元素从土壤母质中分解成单体的速度迟缓于树木的吸收时，便会呈现缺素现象，在长期不耕作的树下较易出现这类情况。

因此，凡具有上述两类情况之一时，更新土壤是最好的办法。

更换新土的土源：应选附近山地生土，如苏州附近太湖丘陵山区的土壤，属于由酸性

---

①苏州市土壤普查办公室. 江苏省苏州市土壤志. 1985。

母岩发育成的自然黄棕壤，质地疏松，容重较轻（A层1.24g／cm³，B层1.28g／cm³）[12]，通透性良好，pH值5.9，是树木生长理想的土壤。在附近无丘陵山区的城市，则宜选疏松壤土，如南通市可用江边冲积土。更新土壤的范围也即是用土量，原则上是多多益善，但不切实际，费用太高。为经济计，应在树冠垂直位置下扩大50cm为直径，深度40cm左右，挖除该部分污染土壤，换入新土整平。在加放新土前填充树枝、发泡聚苯乙烯等疏松体更好。挖除污染土时，如遇见细根且已受伤时只要剪修光滑便能正常愈合。

以上几种方法可因地制宜，根据具体条件而定，可采用某一种方法，也可综合地应用。关键是要经常进行，最好每年或在有一定好转后隔年进行，并逐年扩大松土范围和深度。

笔者于1993～1995年在江苏省苏州市、南通市，浙江省西天目山、普陀山对银杏、樟、浙江楠等古树作了以改良土壤、疏松根部土壤为主的综合复壮试验。三年来发现银杏叶形有所增大（苏州）、黄化减轻（苏州、南通），树体内N、P、K，以及Fe、Cu、Zn、Mn等微量元素有所增长。特别是微量元素的增长较为明显，这和土壤改良后，三相比中气相的比例增大，微生物活动加强，土粒中无机成分分解可给态元素的含量增加，以及根系吸收能力的加强有关。同时灰分略有下降也说明新梢含水量的增加和生命活动的增强。

现将测定结果列于附表3以资说明。

6）排水、抗旱问题。古树是适应该地气候的，通常不存在排水、抗旱问题。但对已衰弱的古树而言，因抗御不良环境的能力下降，特殊年份也要排或灌，例如，1991年夏，苏州市发生百年一遇的特大洪涝，西园戒幢律寺山门前的塘河满溢上岸，位于河旁的百年左右银杏，因受积水两天多，造成烂根枯梢（银杏属不耐水湿树种）。夏季高温、干旱无雨将对弱树造成危害，如1994年夏季连续30余天未下雨，土壤板结干裂，造成苏州虎丘山老樟树提早落叶。因此特殊年度对古树要注意排水和抗旱。北京市对古树大多装置人工降雨设备，如团城的古白皮松树冠中央便安装了自来水管，上有喷头，开启水管，喷头即可降雨。苏南一带只要在树根周围覆盖稻草或其他草类，再结合浅耕也就可以保持土壤水分，减轻蒸发。

最后，尚需对施肥问题作一简短说明。通常，提到古树复壮，便会想到施肥。民间对所用肥料可谓千奇百怪，诸如死家禽、猪内脏等，这些对树木是不利的，因其腐烂过程中会产生高温，危害根系，同时也不利于环境卫生。也有人提出施用黄酒可复壮古树，黄酒在酸败分解时会产生微弱的有机酸，这是有利于土壤改良的，但用量过多也会产生热量，危害根系。所以这两者都是不可取的。

笔者认为古树复壮不必施肥，一方面古树不同于年轻树，生长量较小，更不同于果

⑫苏州市土壤普查办公室．江苏省苏州市土壤志．1985。

部分古树名木微量元素及灰分含量的变化

(1993.11 1995.10 新梢基部)

附表3

树种地点	Fe(mg/kg)			Zn(mg/kg)			Mn(mg/kg)			Cu(mg/kg)			灰分(%)		
	1993.11	1994.11	1995.10	1993.11	1994.11	1995.10	1993.11	1994.11	1995.10	1993.11	1994.11	1995.10	1993.11	1994.11	1995.10
银杏(天南大酒店)	278.6	282.4	256.7	25.0	27.0	14.5	17.7	21.3	20.9	10.5	9.0	4.5	7.57	9.10	8.75
银杏(豫联印刷厂)	253.2	373.0	399.9	4.5	13.6	17.24	18.5	20.1	19.7	10.3	13.0	8.5	9.02	10.45	9.26
银杏(农机公司)	226.4	298.7	251.4	61.9	60.0	17.7	18.5	21.5	17.5	9.0	15.1	8.5	13.29	13.40	10.15
银杏(华联绿岛)	274.9	461.3	341.9	6.8	17.5	13.5	21.5	22.8	19.2	10.3	13.5	6.9	8.75	10.12	9.00
圆汉松(钟秀小学)	401.5	677.2	378.2	22.5	117.2	14.25	17.8	41.0	8.98	10.0	18.5	4.9	10.59	8.69	6.55
璎珞柏(国强巷)	859.5	816.4	787.8	120.3	137.1	74.4	39.2	50.9	55.7	22.2	32.3	14.0	8.82	8.34	7.21
楸(通中)	349.1	187.0	160.1	7.5	7.5	2.5	104.4	126.4	104.4	24.0	28.1	17.5	3.76	4.41	3.55
瓜子黄杨(南关帝庙)	458.0	491.5	281.4	5.6	6.8	4.74	196.7	—	183.0	8.4	10.5	11.0	7.22	7.66	5.95

树、桑树，不追求产量，不修剪、不更新枝组，所以叶面积、萌芽力、成枝率、开花量等都较低，总之，树体消耗量小，所以需肥量也少。另一方面，古树在该地已生长了百年以上，已适应了这一方土地的环境，土壤中供应的水和无机营养已和树体的消耗达到了动态的平衡[13]。所以，正常情况下不施肥，古树依然能良好生长。另外，古树长期处于"低营养"状态（相对于果树等而言），施肥后，尤其是速效肥，土壤溶液浓度增高，根系不一定能适应，若根系细胞中细胞液的浓度与土壤溶液浓度的渗透压，差异过大尚有反渗透的危害。

其次，土壤是在发育着的，其中的固体部分，如土粒、有机质等，在热量、空气、水分、微生物的作用下，风化和分解成无机物。这种风化和分解是很复杂的物理、化学、生物的转化、淋溶、降解、积淀的过程。这一进程的关键便是温度、空气和水分，温度四季变化有序。涝害带来土壤空气减少，已早为人们重视，但土壤空气的流通却极易被忽视。前面用较大篇幅叙述土壤管理，归根到底是增加土壤中空气的流通，即固、气、液三相中气相比例的增加。果树、桑、茶以及林木栽培上都指出要使树木生长良好，应有较低的土壤容重，较高的总孔隙率，较强的氧化性（土壤学中常用氧化还原电位"Eh"表示），适当的颗粒组成等。在这样的条件下，因空气流通，易使土粒风化分解；微生物活动良好，可将土壤有机质分解成可被树木利用的无机物；同时，空气流通后一些有害气体也可得到分解或与大气交换而排除。

再联系农业生产中的耕翻、晒垡等土壤管理措施来看，根本的一条便是使土壤中气相比例的增加。在此基础上再行施肥，才能收到较好效果。晒垡的作用，曾强调杀灭病虫害，但更积极的是可以促进土壤氧化、风化，土粒中的原生矿物质可以加速分解。这是一种基本的措施，尤其对树木来说是极其必要的。

也许有人会提出疑问：城市中人行道上的行道树，除树穴外全被水泥沥青封固，无法耕地松土，为什么还能良好生长而不枯槁？确实，这是极有意义的问题。

首先，树木根系对土壤空气的要求，因树种不同而有差异。通常认为：生长势强、树龄轻、较耐水湿或适应性较广的树种，较能耐土壤的不良通气性；反之，则较不耐土壤的不良通气性。例如，悬铃木、槐、杨、柳等都较能耐土壤的不良通气性，马尾松、黑松、银杏、桃、梅等则反之。其次，行道树树干周围虽因硬地而空气不能透入，但空气尚能随雨水从附近孔隙中渗入土壤，这部分空气是有限的，所以行道树的后期生长是较差的。这从上海复兴路上的行道树——悬铃木，与中山公园西北侧一株悬铃木对比一下，便可明白行道树是生长较差的。因这两处的悬铃木树龄较接近（中山公园的略老些，是20世纪初所栽，复兴路则在20世纪30年代初栽植），但胸径相差极大。可见土壤疏松是十分重要的。

---

[13]石羽. 西山八大处古树名木的养护复壮 [J] 中国园林, 1988（4）：27～29.

关于土壤是疏松抑或板结，我们习惯上用土壤容重来测定，这是在比较中得到的数据。也有用土壤空气含量以表示根系生长的难易，如有的果树书刊上记载了土壤氧浓度要在15%时对新根生长最为有利。但测定比较麻烦，因此，日本有人设计了一种称为"山中式土壤硬度测定计"，较方便地测定土壤的硬度指数，并确定硬度指数在20mm以下时，根系生长容易，在26mm以上时，根系生长困难[14]。不同土壤、不同深度的硬度指数均不相同（附表4），林间步行道因经人的行走践踏，故表层硬度指数大，根系分布少；人工填海造陆表层用机械压实的土壤表层硬度最大，根系分布较少，而下层则相反，因机械力量限于表层，下层仍疏松。至于铺砌硬地则相当于园林中的石板铺装地，表层基本不能容纳根系生长。最为理想的土坡是一般土层较深的林地，保持了自然土壤的特点，表层根系多于下层。由此也说明了土壤耕作使土壤疏松的意义。

此外，对根系嫁接细根能增强树势，促进生长，美国有一株"华盛顿纪念树"[15]。每年都在该树的一侧挖松表土，露出较粗侧根后，在侧根上腹接细根，以保其生长，一般每年在不同的方向对一根较大侧根进行腹接，如分东南西北四个方向，每隔4年重复一次。此法十分有效，只是操作困难，尤其初次进行往往寻不到侧根，故一般不易采用，古典园林面积有限，假山上、水池边均难施行。

不同压实土壤深度之硬度及根系分布[*]　　　　　　　　　　　　　附表4

土壤深度 (cm)	林间步行道		铺砌道路		经压实之填海土		一般林地	
	硬度指数	根系分布(%)	硬度指数	根系分布(%)	硬度指数	根系分布(%)	硬度指数	根系分布(%)
10	25	2	27	1	25	4	8	48
20	22	11	27	2	23	12	10	28
30	18	35	25	14	24	16	14	11
40	14	42	26	18	23	18	18	7
50	17	10	24	26	20	16	20	4
60	20	5	23	24	14	17	21	1
70			25	15	13	14	23	1
80			24		13	4	25	

[*] 根系分布指同一土壤深度中，1mm以上直径的根系分布百分比。

综上所述，目前常见的古树，从生理测定看，大多尚未达到真正的衰老。所表现的各种衰老状态，多数是客观原因造成的。因此，复壮工作首先是消除各种妨碍树木生长的不良因素。对已经受到影响的古树，主要是从地上、地下两方面进行复壮。地上枝干受创伤的，从浅表涂抹桐油、水泥补洞，直到用钢筋填充再水泥固封；树势衰弱的尚可用乔接、

⑭刘住昇. 树木根系图说 [M] . 东京：诚文堂新光社，1979：312.
⑮这是一株华盛顿父亲喜爱的柑橘树，被华盛顿在幼年时损伤过，但他说实话向父亲认错，这是象征华盛顿幼年便诚实有为的纪念树。

靠接小树等方法，增强树势。地下根系的复壮是根本性的措施，所用的措施是松土提高土壤气相比例，受污染的土壤则需客土更新土壤；条件允许时，尚可对侧根嫁接细根，以增强树势。

施肥一般不是关键措施，尤其是树势极差、极弱的老树，更不宜施肥，须在生长势有所恢复时，才可施用腐熟有机肥。

经常性的松土、除虫、修剪病虫枝及弱枝等管理，是基本性的工作。树木生长缓慢，所以复壮也不可能依靠任何灵丹妙药，而要持之以恒经常进行。

附录二　植物景境览胜

　　游苏州园林每多关注小桥流水曲折变化，山峦形胜洞壑幽奇，厅堂艳丽陈设华美，殊不知花草具四时之胜，树木有荣枯节律。可以感怀时序体察岁月，理解传统融入自然。据此，再就各园植物景境之胜，稍作整合，综合展示如下，供读者浏览。

一、古柏森森

网师园看松读画轩前之古柏——拿云攫石 气势非凡

二、狮子林门外高树萦绕

古园高墙围护，难见真容，仰望墙头高树萦绕，

未入园先见绿，真乃引人入胜！

三、形胜质艳——网师园后门口之紫玉兰

春雨湿窗纱，辛夷弄影斜。曾窥江梦彩，比比忽生花。

——陈继儒

东风日夜发，桃李不禁吹。检点浓华事，辛夷落较迟。

——陈　淳

四、狮子林菊花展览一瞥

　　菊：是国人之共珍，因此每届秋季园林中必办菊展。菊花常依花形分成大、中、小菊及畸形种四大类；从花瓣则可分成平瓣、匙瓣（作汤匙状），匙瓣有长、短、深等多种匙形；管瓣（针管、桶管、长、短管等）作为分类之依据。照片中所示是园艺工人将青蒿（Artemisia apiacea）作为砧木，在其上嫁接不同花形、瓣形的品种，形成塔状的大立菊。

置

五、留园之山林景境

留园中部山林俱全，是较典型的城市山林，其中大银杏更显山林氛围，春翠秋艳分外妖娆，在带有"明瓦"窗的传统建筑映衬下，显示得无比珍古！

山水萦迥，有亭翼然，亭者仃也，可以小休

六、耦园（局部）俯视

耦园是典型的苏州民居，素瓦平脊不高不大，园中树木葱茏，更有花树点缀，居住其间使人有神清气爽之感！

七、远香堂旁的杜鹃花境

远香堂是以宋·周敦颐《爱莲说》中名句"香远益清"而成"比德"性著名景点。今在周边点缀数盆杜鹃鲜花，艳丽无比成为花境，尽显活泼轻松。与"香远"适成对比，也使园景无比繁荣。特再援引白居易名句以赞：

绝代祗西子，众芳唯牡丹。

月中虚有桂，天上漫诳兰。

八、绣绮亭旁枇杷秀色可餐

绣绮亭旁枇杷蜡黄，绿树成荫，可以却暑，可以消夏！

九、树木珍古——文征明手植紫藤

　　拙政园古紫藤是明代吴门画派创始人文征明的手植，这一古藤展示了园史的悠久和树木的苍古。

十、堂前花树香风来

——沧浪亭五百名贤祠前小景

十一、树际安亭

十二、花间隐榭

十三、石以花为衣，花以石为身。

十四、浮峦暖翠，楼台树塞

十六、芍药殿春

　　网师园殿春　　，是美国纽约大都会博物馆之原形，开创了古典园林落户园外之先声，成为中国造园艺术为国际认同之前导，20多年来先后已有数十座苏式园林坐落在欧美各国。现特援引宋·邵雍诗赞之：

一声鶗鴂画楼东，
魏紫姚红扫地空。
多谢化工怜寂寞，
留得芍药殿春风。

十七、围墙隐约于箩间——留园东部一角

十八、繁柯满坡、小桥临水、山中人家、城市山林。

十九、园林尺幅窗实例

　　清·李渔《闲情偶寄》中所述的"尺幅窗"是将窗框作为国画装裱时，用作画周具装饰作用的绫罗花边，窗框周边的花格雕饰更与绫罗花边相近。于是室外的山水树石便自成一幅动态的国画。所列照片均可看作是一幅天然的画境。可称是微观与中观的融合！

二十、网师园中玉兰艳

网师园彩霞池南山体上有一株紫玉兰，花时欣欣春意，繁荣一方园景，由此更点出了彩霞之由来。援引欧阳炯七绝前半首为咏：

含锋新吐嫩红芽，势欲书空映早霞。

陆游更有诗称道：

璀璨女郎花，忽满庭前枝。
繁华虽少减，高雅亦足奇。

二十一、赏月佳处

网师园月到风来亭坐西朝东，亭前开朗无遮挡，一泓碧水将亭中团圆镜映入水中，中秋之夜，只见镜中、水中、天上三月并存，诚赏月之佳处！援引韩琦等诗咏之：

有人望月吟太虚，半夜秋风吹碧芦。

碧芦风气吟老桂，吟声入月惊蟾蜍。

明夜中秋更好吟，兔肥蟾大桂成林。

桂兔之外有何物，玉池水到中秋溢。

——徐　积

春风凡花百种荣，秋芳能得几多名。

仙家八月灵葩发，不与寻常俗艳争。

——韩　琦

二十二、银杏古木

　　狮子林大银杏为一园之胜，使西半园都在大树的笼罩之下，树高大山就变小，水也显窄。此树正值青壮年（树长寿故如是说），此情此景正方兴未艾也。

二十三、小空间大花木

苏州园林中每多夹弄天井等狭小空间，只要略有采光可能，便即种植一株二株花木，花开时节生意映然，此亦小中见大的方法之一，且免除了空乏无味之弊。因戏题二句于下：

年来日日春光好，今日春光好更新。

二十四、木瓜（Chaenomeles sinensis）结果状

时果分蹊，标梅沉李，可以娱亲，可会宾友，亲手采摘，其乐融融。

二十五、又一牡丹景——艺圃博雅堂牡丹

花好常患稀，花多信佳否。

——苏　轼

何人不爱牡丹花，占断城中好物华。

疑似洛川神女作，千娇万态破朝霞。

——徐　凝

几点思考——代结束语

走笔至此，可能会有人提出：

（1）近年来，自苏州网师园中殿春庭院，作为输出到美国、建造于纽约大都会博物馆中明轩的园林蓝本后，陆续不断地已有数十处古典式园林在国外建成。但在配置植物景观时，却难以按传统格局实行，文化体系、气候、土壤、植被类型、植物资源等均与国内不同。因此无法按本书所述的一些原则、要领进行植物景观配置。这问题该如何处理？

（2）古典园林大多是小型的家庭园林，因此可根据主人的文化修养和阅历，作诗情画意、富有文化内涵地配置植物景观。但对城市园林、风景区等大范围的公用绿地而言，其价值究竟怎样？有多大的参考意义？

首先，应该剖析一下国外喜欢我国古典园林的原因，是猎奇？还是情有独钟？如属前者，那么越是原封不动地照搬、照抄，完全按传统格式配置植物景观，就越能满足外国人的心理。即使气候、土壤、植物资源有较大差异或限制，还是可以从国内丰富的植物资源中，遴选出适于该造园地点的可用种类。退一步说，即使一种也不能应用，那么还是可以从诗格、画理等意匠中，选找当地树种替代。如若在热带雨林地区造园，那么当地想象不出树木的耐寒性是什么，当然也不会理解用松柏的耐寒特性，来比喻人格的坚强。于是应该另选主题，或以茂密之绿叶喻之为旺盛发达，或以芳香引申空间效果等等。

其次，如若国外真有人对古典园林有所理解，对其中的文化意趣有所体会，因而情有独钟。那就完全可以深化其欣赏情怀，在景观配置时就不必机械地生搬硬套、墨守成规，而应该发扬其中的精髓。这里，不妨重提一下明代郑元勋在《园冶》题词中的一句话："园有异宜，无成法，不可得而传也。"就是说：造园包括植物配置，无现成的公式可供沿袭，重在主人胸有丘壑，才能"工丽可，简率亦可"，否则就是"强为造作"，就如"嫫母傅粉涂朱，祗益之陋也"。因此，只有深入研究配置景观的"意"，并加以概括深化，达到可操作性后，就能使富有传统特色的古典园林，扎根在异域之邦！兹举一例说明我的这一意见：创建幽静的城市山林，是古典园林的总目标。实施途径多样，可以"松寮隐僻"，可以"竹里通幽"，可以"深柳疏芦之际，略成小筑"，更可以"桃李不言，下自成蹊"，"围墙编棘"和"花隐重门若掩"。总之，只要因地制宜，灵活应用，就能意境深切，适宜得体！

如果建园于亚洲的一些华裔众多的国家，由于文化的相通，就可以更深入细致地解古典园林中的文化精意。如被誉为亚洲"四小龙"之一的新加坡，经20多年来现代化建设的实践，体会到"撇开了文化的层面，现代化是难以实现的"（王沪宁等《狮城舌战》）。新加坡是重视文化作用的，新加坡资政李光耀也曾说过："儒家思想适应华人社会。"并特地为中学四年级学生开设了《儒学伦理》课，编写了教材，教材开宗明义地说："儒家伦理是基于真实的人性所发展出来的人生哲理。这一套人生哲理，可以帮助我们建立完美的人格和正确的人生观，以达到修养自己，造福人群的目的。"（同上书）如果在这样的国家建造古典园林，那么植物配置中的文化内涵与意趣，必将被他们看作是建立完美人格、修养自身，造福人群的动态教材！进而可以克服经济社会中的功利主义、纵欲主义等负面影响！

古典园林是经过人为的加工，即"人化"了的自然体，所以更柔顺于人的审美情趣。而在这"人化"的过程中，掺入了文化的因素，就更体现了与众不同的品格。在快节奏的现代社会中，建造古典园林，尤其是其中的植物景观，不啻是给人们一种镇静和安抚，从而有利于身心的休憩！

再重申一点：即使是大范围的风景区、公共绿地中，无法按古典园林的思路进行植物配置，但是否能规划一局部，或一小空间，形成园中园，使更多人领略、体味古典园林的风貌意境、我想这应该是可行的！当今不少居住小区不遗余力地模仿古典庭园，说明古典园林风格、构思还是能被多数人接受的。

最后，必须指出的是我们不是文化保守主义者。本书所以用较大篇幅撰写了植物的文化内涵等，是据实分析了当时的文化背景，明清时期对植物的一般认识，以及园主造园的心态。这正像今天社会凡提到植物便会与生态相联系一样。通过研讨，我们深切体会到植物是生活环境中不可或缺的，具有生态功能的景观，在当今城市化进程加快，人口密度急增的情况下更为需要，加深对昔日园林植物景观的研究，或许可为当前居住小区、城市绿化等提供某些启发；多研究些植物景观的文化意义，可能使渐行渐远的本土风格拉近些；同时也可使一些认为植物景观只是种花植树而已的想法，能有一定的改观。如是而已！

关于生态问题，当今倡导的为丰富三维空间的绿化量，按群落式配置，即上、中、下多层式配置，正体现了与时俱进的时代特征。如果文人对此讴歌、颂扬，诗人作诗题词，积累多了，便成为一种新的生态文化，生态文化正反映了伟大复兴时代的文化现象，是一种积极向前的文化，也是时代特征和现状的反映。

这也可说是我增订、再版这本书的初衷和愿望。

跋

1997版《古典园林植物景观配置》刊行以来，反馈信息不断，但由于原书既无图照，亦无可供参考的CAD图，这对读者来说是颇感不便的。另外，苏州三川营造有限公司经常承接古典式园林及景观设计项目，而许多年轻设计师对古典园林有关文化内涵方面并不擅长，故常咨询于我。该公司傅环宇、陈华章两位总工有鉴于斯，提议由公司抽调设计师测绘苏州园林的植物景境，并指定资深设计师颜炜负责绘制植物景境平面图。同时，作者对原书内容作了相应调整、增删，继而徐凯、钱悦娇、刘禹彤作了植物景境的写生，唐海珊、庞文慧、姜南以及公司部分行政人员，也参与了相应的工作，在此基础上将原书予以增订，意味着这是一部集体创作的书籍。在增订过程中，设计人员的文化业务素养因此而得以提高。值得庆幸的是自两位总工提议后，公司上下认真对待，积极参与，仅用一年多时间，全书便得以脱稿，这应归功于两位总工的全力支持。

苏州园林和绿化局的摄影师郑可俊先生和园管处的左彬森先生将珍藏的有关园林植物的照片，无私地支援本书刊用，实是难能可贵，铭感之余，仅在此致以衷心感谢！

苏州大学文学院曹林娣教授，《中国园林》常务编委、学长刘家麒教授，在百忙中为本书宠赐序文，如此隆情厚谊，感荷之至！特附书数语聊表谢忱！

最后，还需说明的是本书原名《苏州园林植物景境》，包含着意境思维等的思想内涵。在编辑审稿过程中，吴宇江编审提议"景境"一词读者不易理解，市场恐难认同，建议改为"景观"较好。考"景观"[①]一词因系外来用语，古园中尚未应用，但又因提到市场问题，作者自应服从这一现实。因同意将书名改为《园林植物景观配置》，但在内容中则仍用"景境"一词。特此说明。

---

①景观一词最早来自19世纪初，德国的植物学和地理学家洪堡（A.V.Humboldt)继而1939年德国生物地理学家（C.Troll）进一步引用了这一名词，现世界各地均已广泛沿用。